ISW 46

Berichte aus dem Institut für Steuerungstechnik
der Werkzeugmaschinen und Fertigungseinrichtungen
der Universität Stuttgart

Herausgegeben von Prof. Dr.-Ing. G. Stute †

D. PLASCH

Numerische Steuersysteme

Standardisierte Softwareschnittstellen in Mehrprozessor-Steuersystemen

Springer-Verlag
Berlin · Heidelberg · New York 1983

D 93

Mit 50 Abbildungen

ISBN-13:978-3-540-12094-0 e-ISBN-13:978-3-642-81964-3
DOI: 10.1007/978-3-642-81964-3

2362/3020-543210

Geleitwort des Herausgebers

Das Institut für Steuerungstechnik der Werkzeugmaschinen und Fertigungseinrichtungen der Universität Stuttgart befaßt sich mit den neuen Entwicklungen der Werkzeugmaschinen und anderen Fertigungseinrichtungen, die insbesondere durch den erhöhten Anteil der Steuerungstechnik an den Gesamtanlagen gekennzeichnet sind. Dabei stehen die numerisch gesteuerten Werkzeugmaschinen in Programmierung, Steuerung, Konstruktion und Arbeitseinsatz sowie die vermehrte Verwendung des Digitalrechners in Konstruktion und Fertigung im Vordergrund des Interesses.

Im Rahmen dieser Buchreihe sollen in zwangloser Folge drei bis fünf Berichte pro Jahr erscheinen, in welchen über einzelne Forschungsarbeiten berichtet wird. Vorzugsweise kommen hierbei Forschungsergebnisse, Dissertationen, Vorlesungsmanuskripte und Seminarausarbeitungen zur Veröffentlichung.

Diese Berichte sollen dem in der Praxis stehenden Ingenieur zur Weiterbildung dienen und helfen, Aufgaben auf diesem Gebiet der Steuerungstechnik zu lösen. Der Studierende kann mit diesen Berichten sein Wissen vertiefen.

Unter dem Gesichtspunkt einer schnellen und kostengünstigen Drucklegung wird auf besondere Ausstattung verzichtet und die Buchreihe im Fotodruck hergestellt.

Der Herausgeber dankt dem Springer-Verlag für Hinweise zur äußeren Gestaltung und Übernahme des Buchvertriebs.

Gottfried Stute

Vorwort

Die vorliegende Arbeit entstand während meiner Tätigkeit als wissenschaftlicher Mitarbeiter am Institut für Steuerungstechnik der Werkzeugmaschinen und Fertigungseinrichtungen der Universität Stuttgart. Herrn Professor Dr.-Ing. Stute, dem im August 1982 verstorbenen Leiter des Instituts, und Herrn Professor Dr.-Ing. A. Storr danke ich für ihre Unterstützung und Förderung.

Herrn Professor Dr.-Ing. M. Weck gilt mein Dank für die sorgfältige Durchsicht der Arbeit.

Auch möchte ich all den Mitarbeitern des Instituts danken, die durch kritische Hinweise und Diskussionen zu dieser Arbeit beigetragen haben. Dieser Dank gilt besonders den Herren Dipl.-Ing. P. Klemm und Dipl.-Ing. B. Walker.

Inhaltsverzeichnis

Seite

Abkürzungen, Formelzeichen und Einheiten

Abkürzungen

ASCII	American Standard Code for Information Interchange
BF	beauftragbare Funktion
BF_i	beauftragbare Funktion mit der Nummer i
BSEA	Bedien- und Steuerdaten Ein-/Ausgabe
CNC	Computerized Numerical Control
DS	Datenstruktur
DSI	Datenstruktur, intern
DSV	Datenstrukturverzeichnis
E/A	Ein-/Ausgabe
EF	Einzelfunktion
FIFO	First In-First Out Speicherprinzip, hier: Datenstruktur mit diesem Speicherprinzip
FB	Funktionsblock
FB_i	Funktionsblock mit der Nummer i
G	Adressbuchstabe für Wegbedingung im NC-Programm
GEO	Funktionsblock für die Geometriedatenverarbeitung
k	in Verbindung mit Speichergröße ($k = 2^{10}$)
LL	löschendes Lesen
M	Adressbuchstabe für Zusatzfunktion im NC-Programm
MPST	Mehrprozessor-Steuersystem
NC	Numerical Control
NC-Pr.-Sp.	NC-Programmspeicher
NCVA	NC-Datenverarbeitung und -aufbereitung
P	Prozessor
RAM	Random Access Memory (Speicher mit wahlfreiem Lese- und Schreibzugriff)
RESERV	Übergangsbedingung für den Status "Reserviert" einer beauftragbaren Funktion
S	Speicher
SB	Steuerblock
SB_i	Steuerblock der BF_i
SPS	Speicherprogrammierbare Steuerung
Tln	Teilnehmer
Tln_i	physikalische Teilnehmeradresse des Teilnehmers i

x	x-Achse
y	y-Achse
z	z-Achse
ZST	Zentralsteuerwerk

Formelzeichen und Einheiten

B		Bilanzfaktor bei Dimensionierung FIFO
L	Blöcke	ermittelte FIFO-Länge
n	Blöcke	Anzahl von Blöcken in einer Folge mit negativem Bilanzfaktor
P	%	Bereich des Vorschuboverride
p	%	Stufung des Vorschuboverride
R	m	Radius der Zirkularinterpolation
S	m	Verfahrstrecke pro NC-Satz
T_D	ms	Zykluszeit für die Bereitstellung von Anzeigedaten
T_E	ms	Zeit zum Erzeugen eines Datensatzes
T_L	ms	Takt der Lageregelung
T_P	ms	Takt der Berücksichtigung des Vorschuboverride
T_V	ms	Zeit zum Verbrauchen eines Datensatzes
v_B	m/min	Bahngeschwindigkeit
w	µm	Wegmeßsystemauflösung
w_a	µm	Ausgabefeinheit von Längenmaßen
w_e	µm	Eingabefeinheit von Längenmaßen
Z		Wertebereich für die Darstellung von Fließkommazahlen
⟨A⟩		metalinguistische Variable mit einem Namen für eine Untermenge A
::=		metalinguistische Wertzuweisung zur Definition von metalinguistischen Aussagen

Mehrfach verwendete Indizes

max	maximale(r)
min	minimale

1 Einleitung

Die Entwicklung der Steuerungstechnik wurde in den letzten Jahren in großem Maße durch das Angebot an elektronischen Bauelementen günstig beeinflußt. Die Standardfunktionen von CNC /1/ sind um neue NC-Funktionen erweitert worden, wodurch sich der Einsatzbereich numerischer Steuerungen vergrößerte /2/. So wie der Einfluß der Halbleitertechnik die Entwicklung der Steuersysteme für Werkzeugmaschinen förderte /3/, so wirkten sich neue Steuerungsentwicklungen ihrerseits auf die Strukturen in der Fertigungstechnik aus und ließen Wünsche nach mehr Flexibilität entstehen, um das Prinzip der numerischen Steuerung auch über den Bereich der Standard-NC-Maschinen hinaus anwenden zu können. Ferner wurde gefordert, bestehende Steuerungen um neue Funktionen einfach zu erweitern /4/, was bei den herkömmlichen numerischen Steuerungen nur schwer möglich ist. Insbesondere wenn ein Werkzeugmaschinenhersteller eigene Erfahrungen in eine Steuerungsentwicklung einbringen will, ist nur bei hohen Stückzahlen eine kostengünstige Lösung möglich /5/. Aus dieser Situation heraus entstand der Gedanke, ein Bausteinsystem zu schaffen, das es ermöglichen soll, für unterschiedliche Anwendungen numerische Steuerungen zu konfigurieren und diese gegebenenfalls später erweitern zu können /1, 6/. Die Basis dazu sollten mehrere parallel arbeitende Mikroprozessoren in einem modularen Mehrprozessor-Steuersystem (MPST) sein, so daß unterschiedliche Aufgaben durch entsprechende Kombination von Bausteinen gelöst werden können. Das Prinzip eines modularen Mehrprozessor-Steuersystems zeigt Bild 1.1. Seine wesentlichen Zielsetzungen sind nach /6, 7, 8/ höhere Flexibilität und höhere Nutzungsdauer des jeweils aufgabenspezifisch konfigurierten Mehrprozessor-Steuersystems bei einfacher Handhabung der Steuerungsmoduln durch den Steuerungstechniker.

Höhere Flexibilität bedeutet unter anderem:

- die Verwendung gleicher Steuerungsmoduln für unterschiedliche Aufgaben bei unterschiedlichem Funktionsumfang durch aufgabenspezifische Konfiguration von Standardmoduln;

- die Anwendbarkeit des Systems für Eigenentwicklungen auch durch den Maschinenhersteller zur Nutzung seiner Erfahrung und damit die Möglichkeit zur Integration maschinenspezifischer Funktionen (Anwendungsfreundlichkeit);
- die Anwendung des Prinzips der numerischen Steuerung soll auch bei Sondermaschinen mit begrenztem Aufwand möglich sein (Erweiterung des NC-Gedankens).

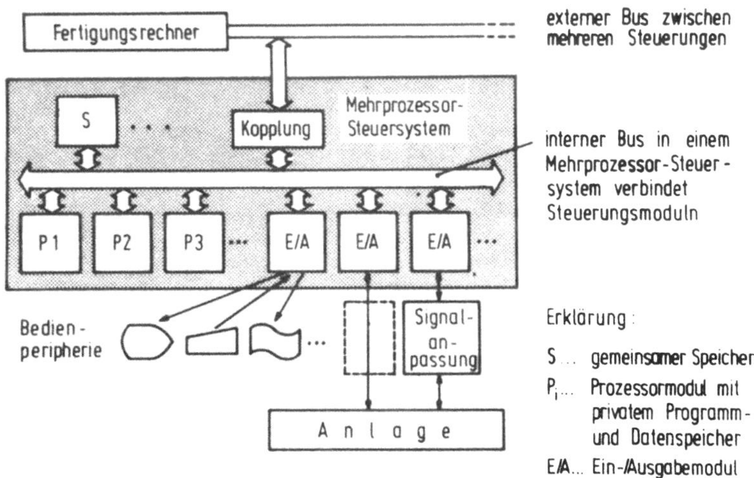

Bild 1.1: Prinzip eines modularen Mehrprozessor-Steuersystems (nach /6/)

Das Ziel einer höheren Systemnutzungsdauer wird erreicht durch:
- eine funktionale Nachführbarkeit mittels Nachrüstbarkeit neuer Funktionen in bestehende Systeme mit geringem Aufwand;
- eine technologische Nachführbarkeit mit der Anwendbarkeit der jeweils geeignetsten Bauelemente;
- die Lieferung von Moduln durch mehrere Hersteller (second source).

Bei der Integration neuer Funktionen in die numerische Steuerung wie zum Beispiel adaptive Regelung /9/ oder Messen in der Maschine /10/, muß eine solche Funktion, realisiert durch einen neuen Modul, in die Ablaufsteuerung des Gesamtsystems einbezogen werden. Durch Anwendung von Standardschnittstellen kann der dadurch entstehende Änderungsaufwand klein gehalten werden (vgl. Bild 1.2 links).

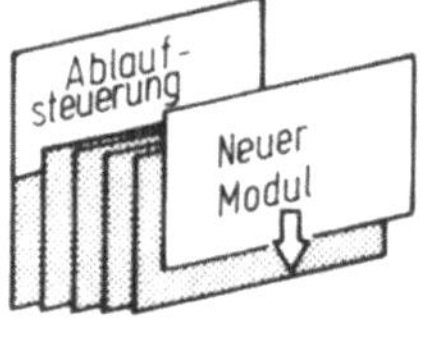

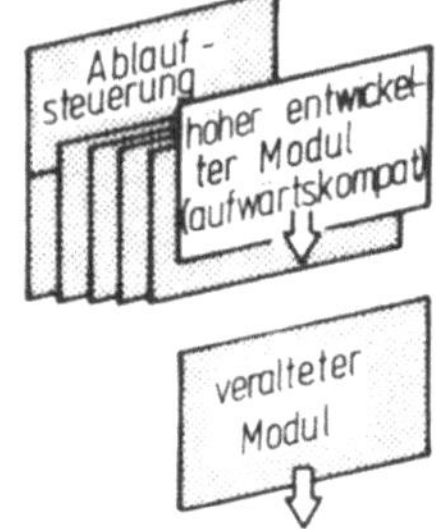

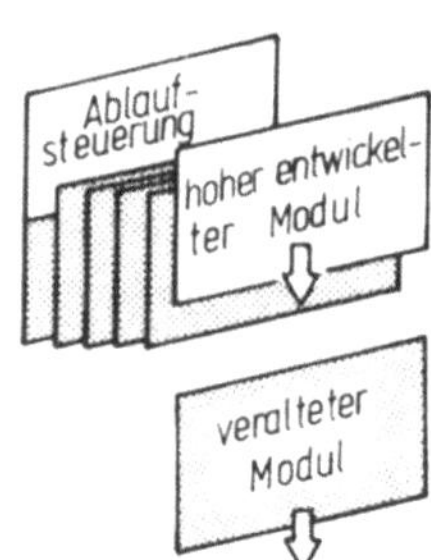

Integration neuer Funktionen in eine bestehende NC (funktionale Nachführbarkeit mit neuer Ablaufsteuerung)

Ersatz veralteter Technologie durch höher entwickelten aufwärtskompatiblen Modul mit ausschließlicher Nutzung der Funktionen des ersetzten Moduls (technologische Nachführbarkeit bei unveränderter Ablaufsteuerung)

Ersatz veralteter Technologie durch neue mit mehr Funktionen (technologische und funktionale Nachführbarkeit)

Bild 1.2: Höhere Systemnutzungsdauer durch Nachführbarkeit eines modularen Systems

Wird ein Modul ausgetauscht durch einen mit gleichen Funktionen, aber beispielsweise schnellerer Funktionsausführung, so sind keine weiteren Änderungen vorzunehmen (vgl. Bild 1.2 Mitte).

Wird ein Modul ersetzt durch einen mit verbesserter Technologie einerseits und weiteren NC-Funktionen andererseits, so ist die Ablaufsteuerung zur Nutzung der neuen Funktionen entsprechend zu erweitern (vgl. Bild 1.2 rechts).

Es ist nun ein Hauptziel beim Entwurf des modularen Mehrprozessor-Steuersystems, eine Schnittstellensystematik zu entwickeln, welche die gegenseitigen Abhängigkeiten der an einem Steuersystem beteiligten Moduln stark reduziert, so daß bei Steuerungsänderungen oder -erweiterungen die bisher verwendeten Moduln weitgehend unverändert bleiben können beziehungsweise Änderungen auf die Ablaufsteuerung beschränkt werden.

Als Hardwareschnittstelle zwischen den Mikroprozessormoduln

des Mehrprozessor-Steuersystems (MPST) wurde der sogenannte MPST-Bus eigens zur Anwendung in der Fertigungstechnik entwickelt /11, 12/, der den Datenaustausch zwischen den Mikroprozessormoduln und zugehörigen NC-spezifischen Moduln erlaubt. Während in letzter Zeit Bussysteme bekannt wurden /13, 30/, die sich für Multiprozessorbetrieb eignen, ist ein gänzliches Fehlen von Standards in der Kommunikationssoftware zu verzeichnen /27/. Neuerdings aufkommende Ansätze, vorhandene Betriebssysteme von Mikrocomputern mit Kommunikationsfunktionen zu anderen Prozessoren auszustatten /14/, sind einerseits in ihren Möglichkeiten allgemein gehalten und daher nicht auf die NC-Problematik zugeschnitten, andererseits sind die Schnittstellen herstellerabhängig. So wurde bisher auch auf der Basis des MPST-Bus die Kommunikation über den Bus nach jeweils aufgabenspezifisch zugeschnittenen Kommunikationsregeln realisiert, ohne jedoch allgemeingültig zu sein. Es sind Steuerungen entwickelt worden, die sich bezüglich des Softwareschnittstellenkonzeptes eher durch ad hoc Lösungen auszeichnen /15, 16, 17, 18/, wobei das Schnittstellenkonzept jeweils von Grund auf erarbeitet werden mußte. Dies ist die praktische Basis, um zu einer breiter anwendbaren Verallgemeinerung zu gelangen.

Ziel dieser Arbeit ist es, aufbauend auf dem MPST-Bus, als Beispiel für ein mehrprozessorfähiges Bus-System, auch in der Software, Standardschnittstellen zu entwickeln, die das Erreichen der obengenannten Ziele gewährleisten und damit eine wichtige Voraussetzung für den Einsatz des Mehrprozessor-Steuersystems in der Fertigungstechnik erfüllen. Wie die Hardwareschnittstelle soll auch die Softwareschnittstelle nicht auf einen bestimmten Hersteller zugeschnitten sein, sondern einen firmenunabhängigen, für jeden verwendbaren Standard bilden. Die zu erarbeitende Systematik der Steuer- und Datenschnittstellen ist auch Voraussetzung für eine rechnerunterstützte Generierung von Software für Mehrprozessor-Steuersysteme für verschiedene Anwendungsgebiete.

2 Grundlagen des modularen Mehrprozessor-Steuersystems

In /24/ wurde gezeigt, daß eine sinnvolle Aufteilung der Funktionen einer numerischen Steuerung auf verschiedene, dabei aber im Hardwareaufbau gleiche, parallel arbeitende Mikrocomputer möglich ist. Dazu wurde eine Analyse der Funktionen und eine Zusammenfassung der Funktionen einer numerischen Steuerung zu Funktionsblöcken zunächst auf einer funktionalen Ebene vorgenommen.

2.1 Zusammenfassung von NC-Funktionen zu Funktionsblöcken

2.1.1 Kriterien für die Bildung von Funktionsblöcken

Aus den in Abschnitt 1 genannten Zielsetzungen ergeben sich folgende Kriterien zur Bildung von Funktionsblöcken /19, 24, 63/:
- begrenzte Abhängigkeit zwischen den Funktionsblöcken;
- damit verbunden die Minimierung der Notwendigkeit des hochprioren Datenaustauschs;
- Standardisierbarkeit der Schnittstellen.

Diese Kriterien, angewandt auf die Einzelfunktionen heute bekannter numerischer Steuerungen, führen auf eine Reihe von beispielhaften Funktionsblöcken. Diese unterliegen jedoch nicht den Standardisierungsbestrebungen, um Erweiterungen nicht zu behindern, sondern bieten lediglich ein Gerüst zur Bildung einer Basis-CNC und zur Erleichterung einer Systemerweiterung.

2.1.2 Beispiele für die Bildung von Funktionsblöcken

Beispiele für Funktionsblöcke in numerischen Steuerungen sind in Bild 2.1 mit einigen Einzelfunktionen dargestellt. Ein Zentralsteuerwerk (ZST) welches das gesamte System verwaltet, ist hier zunächst nur angedeutet.

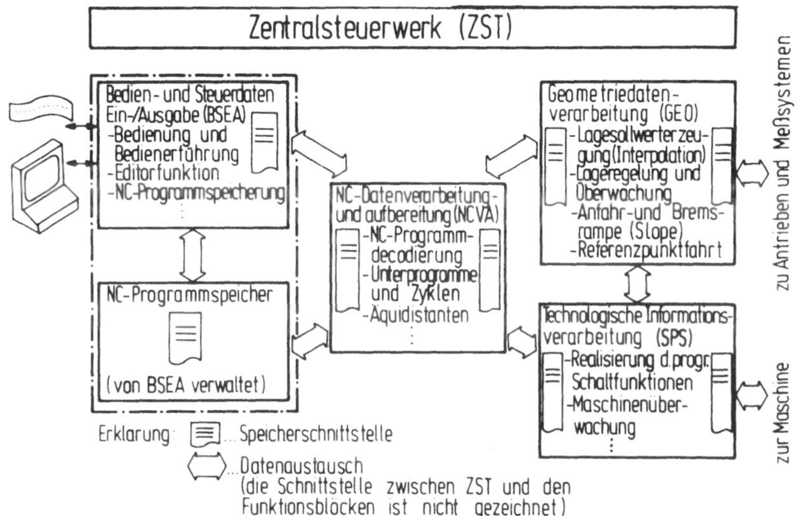

Bild 2.1: Beispiele für Funktionsblöcke in einer numerischen Steuerung

Bedien- und Steuerdaten Ein-/Ausgabe (BSEA)

Die Kopplung zur Bedienperipherie und zur Ein-/Ausgabe der NC-Steuerinformationen ist in einem Funktionsblock Bedien- und Steuerdaten Ein-/Ausgabe (BSEA) zusammengefaßt. Hierzu gehören Einzelfunktionen wie Bedienerführung und das Editieren von NC-Programmen, Werkzeugkorrekturlisten und Parameterlisten sowie das Ablegen der erstellten Informationen in einem NC-Programmspeicher. Dabei ist der NC-Programmspeicher dem Funktionsblock BSEA logisch zugeordnet, auch wenn er physikalisch eine eigene Funktionseinheit bildet (vgl. Abschnitt 2.3).

NC-Datenverarbeitung und -aufbereitung (NCVA)

Die im NC-Programmspeicher abgelegten NC-Programme werden vom Funktionsblock NCVA verarbeitet im Sinne von Decodierung, Auflösung von Unterprogrammen und Zyklen, Werkzeugkorrekturrechnungen, Nullpunktverschiebungen u. ä. Diese Informationen werden zur Weitergabe an nachfolgende Funktionsblöcke aufbereitet und an einer Ausgabeschnittstelle bereitgestellt.

Geometriedatenverarbeitung (GEO)

Die bereitgestellten Informationen über Achsbewegungen sowie Anfahr- und Bremsbedingungen werden im Funktionsblock zur Geometriedatenverarbeitung (GEO) in Lage-Sollwerte umgewandelt, die dann der Einzelfunktion Lageregelung zugeführt werden. Dies erfolgt je nach gewünschter Interpolationsart. Eine Einzelfunktion zur Referenzpunktfahrt kann ebenfalls diesem Funktionsblock zugeordnet werden/20/.

Technologische Informationsverarbeitung (SPS)

Im NC-Programm programmierte Schaltfunktionen und von der Maschine kommende Informationen werden im Funktionsblock SPS verarbeitet. Hier können auch (im SPS-Programm programmierte) Maschinenüberwachungsfunktionen realisiert sein /21/.

Da die genannten Funktionsblöcke nur Grundfunktionen einer möglicherweise weit komplexeren numerischen Steuerung mit mehreren Mikrocomputern darstellen, ist es notwendig, die Informationsschnittstellen in einer allgemeineren Weise, jedoch NC-spezifisch herauszuarbeiten (vgl. Abschnitt 3), um Erweiterungen einfach und fehlerfrei durchführen zu können.

2.2 Softwarehierarchie in einem Mehrprozessor-Steuersystem

Zur klaren Softwarestrukturierung und zur Unterstützung eines Top-Down-Entwurfs /22, 51/ werden die skizzierten Funktionsblöcke im Bild 2.2 hierarchisch dargestellt. Die Einzelfunk-

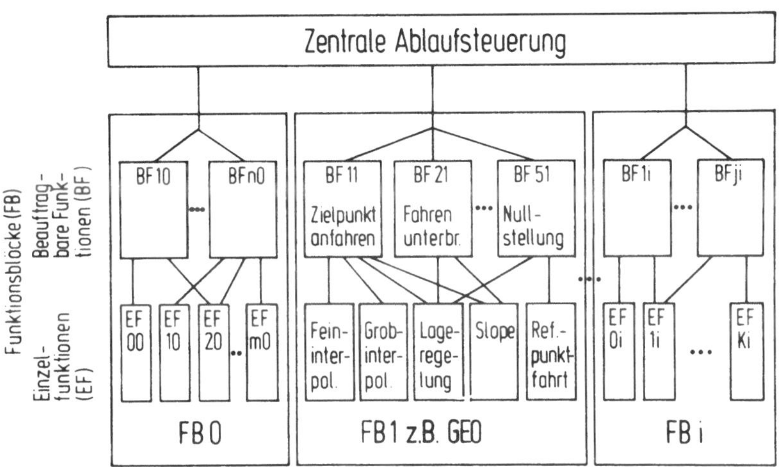

Bild 2.2: Hierarchische Gliederung der Funktionen eines Mehrprozessor-Steuersystems

tionen sind nicht dazu geeignet, von einem Anwender direkt aktiviert zu werden. Sie ergeben nur im Zusammenwirken mit anderen Einzelfunktionen einen Sinn. In der Bildmitte ist der Funktionsblock zur Geometriedatenverarbeitung (GEO) mit einigen seiner Einzelfunktionen dargestellt. Nur die Erzeugung von Lage-Sollwerten durch Grob- und Feininterpolation, gemeinsam mit der Lageregelung und einer Einzelfunktion zur Erzeugung einer Anfahr- und Bremsrampe (Slope), ergeben die gewünschten Achsbewegungen, um einen Zielpunkt anzufahren. Um die einfache Anwendbarkeit der Systemkomponenten nicht zu gefährden, darf die Koordinierung dieser Einzelfunktionen nicht von außerhalb des Funktionsblocks erfolgen, sondern muß vom Funktionsblock selbst durchgeführt werden. So wurden als Steuerschnittstellen des Funktionsblocks zu einer Ablaufsteuerung (oder anderen Funktionsblöcken) die sogenannten beauftragbaren Funktionen (abgekürzt BF) geschaffen. Ein Beispiel ist die BF: "Zielpunkt anfahren" (mit gegebener Interpolationsart und Bahngeschwindigkeit). Damit wird die Anwendung von Funktionsblöcken auf eine höhere Ebene gehoben und es wird einfacher, mit Funktionsblöcken eine numerische Steuerung im Sinne eines vereinfachten Entwurfs numerischer Steuerungen zu konfigurieren (vgl. Abschnitt 2.5).

2.3 Hardwarerealisierung von Funktionsblöcken

2.3.1 Aktive und passive Busteilnehmer

Die bisher nur als funktionale Elemente hergeleiteten Funktionsblöcke mit ihren BF müssen physikalisch auf elektronischen Schaltungskarten verwirklicht sein. Dabei wird der MPST-Bus (vgl. Abschnitt 3.2) als Verbindung von Teilen der Funktionsblöcke verwendet (vgl. Bild 2.3).

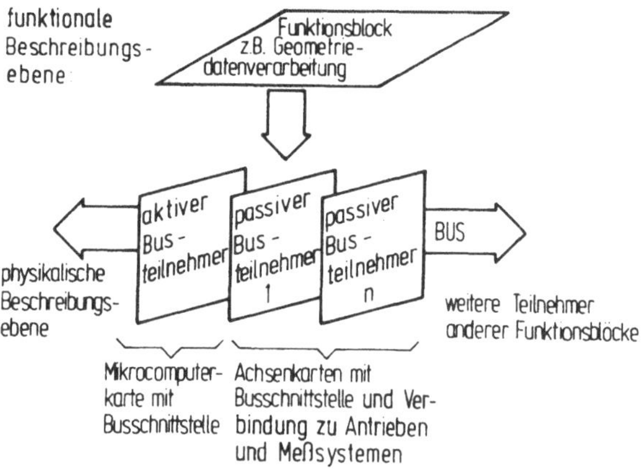

Bild 2.3: Ein Funktionsblock bestehend aus einem aktiven und mehreren passiven Busteilnehmern

Ein Funktionsblock besteht somit hardwareseitig aus mindestens einem aktiven Busteilnehmer und je nach Aufgabe aus mehreren passiven Busteilnehmern mit definierten Busschnittstellen /12/. Die aktiven Teilnehmer enthalten die im allgemeinen residenten Programme zur Ausführung ihrer BF und den zum Bearbeiten dieser Programme nötigen Mikroprozessor, der über einen lokalen Bus mit den nötigen Speichern und Peripheriebausteinen verbunden ist. Eine Benutzung des MPST-Busses zum Lesen der einzelnen Programmschritte des Mikroprozessors aus einem zentralen Programmspeicher ist bei einem Mehrprozessor-Steuersystem z. Z. noch nicht effektiv /23, 24/ und hier nicht vorgesehen. Es können alle aktiven Teilnehmer in der Hardware nahezu identisch sein. Erst durch die funktionsblockspezifischen Programme bearbeitet ein aktiver Teilnehmer (gegebenenfalls gemeinsam mit erforderlichen passiven Teilnehmern) die Aufgaben eines Funktionsblocks. Ein wesentlicher Bestandteil jedes aktiven Teilnehmers ist sein Übergabespeicher, auf den von jedem anderen aktiven Teilnehmer oder dem Zentralsteuerwerk lesend oder schreibend ein Zugriff möglich ist.

2.3.2 Handhabung von aktiven und passiven Busteilnehmern

Nachdem die aktiven Teilnehmer mit ihrer funktionsblockspezifischen Software versehen und mit der Einstellung der Funktionsblockadresse, die gleichzeitig die physikalische Teilnehmeradresse ist, unterscheidbar sind, werden sie mit dem Bus verbunden. Ähnlich verfährt man mit den passiven Teilnehmern, deren physikalische Adresse die Funktionsblockadresse des zugehörigen aktiven Teilnehmers enthält, jedoch auf einem speziellen Adressbereich für passive Teilnehmer liegt /12/.

2.4 Hardwarekonfiguration einer numerischen Steuerung auf der Basis des Mehrprozessor-Steuersystems

Im Bild 2.4 ist eine Hardwarekonfiguration einer numerischen Steuerung zusammengestellt. Alle gezeichneten aktiven und passiven Teilnehmer bestehen aus Elektronikkarten, die über den Bus verbunden sind.

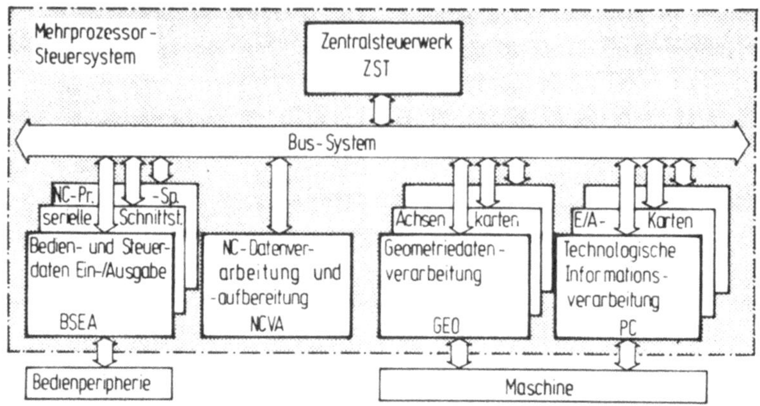

Bild 2.4: Konfiguration einer Mehrprozessorsteuerung mit beispielhaften Funktionsblöcken

Die passiven Teilnehmer sind zugeschnitten auf ihre Funktion in der numerischen Steuerung. Im Beispiel sind je eine Karte für eine serielle Schnittstelle /62/ und einen NC-Programmspeicher einerseits sowie Achsenkarten und binäre Ein-/Ausgabekarten andererseits verwendet.

2.5 Die verschiedenen Anwendungsstufen des Mehrprozessor-Steuersystems

Je nachdem, was zur Lösung einer Steuerungsaufgabe an vorgefertigten Funktionsblöcken zur Verfügung steht, bieten sich mehrere Anwendungsstufen an. In Bild 2.5 sind einige Möglichkeiten zusammengestellt /25/. Die einfachste Stufe ist die Verwendung einer kompletten, durch einen Steuerungshersteller gelieferten MPST-CNC (Stufe 1). Um Sonderlösungen zu konstruieren, wird man in vielen Fällen nicht umhin können, die Ablaufsteuerung, die als Programm im allgemeinen auf dem Zentralsteuerwerk realisiert ist, zu modifizieren oder ganz neu zu entwickeln. Hierzu bedarf es natürlich einer benutzerfreundlichen Schnittstelle zur Beauftragung der BF auf den

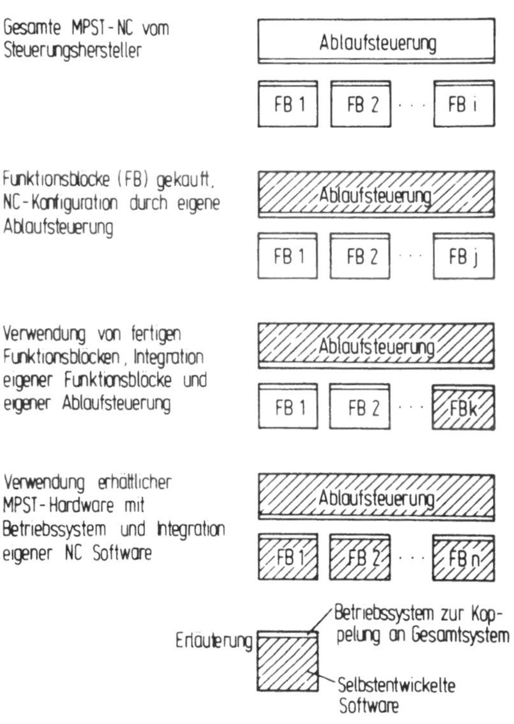

Bild 2.5: Stufen der Anwendung von MPST-Komponenten

zur Verfügung stehenden Funktionsblöcken. Ferner muß die Datenschnittstelle der Funktionsblöcke von der Ablaufsteuerung aus einfach zugänglich sein, ohne an den Funktionsblöcken Änderungen vorzunehmen (Stufe 2). Nicht erhältliche Funktionsblöcke können mit käuflichen standardisierten Mikrocomputerkarten (aktive Teilnehmer) und selbstentwickelter Software realisiert und in das Steuersystem integriert werden. Dies ist ein wichtiger Anwendungsfall des Mehrprozessor-Steuersystems, da Basisfunktionsblöcke wie zum Beispiel Geometriedatenverarbeitung mit Interpolation und Lageregelung für vier Achsen im Rahmen dieser Arbeit aufgebaut wurden /20/, während zum Beispiel Funktionsblöcke zur maschinengerechten Bedienung

unter der Regie des Maschinenherstellers entwickelt werden sollen (Stufe 3). Dabei kann auf eine Reihe von speziell für die NC-Technik entwickelten Hardwarekomponenten zurückgegriffen werden /7, 17/.
Zur Entwicklung eigener Funktionsblöcke ist das Vorhandensein von benutzerfreundlichen Schnittstellen des Betriebssystems vorteilhaft. Das Betriebssystem muß über die Eigenschaften von Mikrocomputerbetriebssystemen /26/ hinaus eine NC-gerechte Daten- und Steuerschnittstelle besitzen.
Dem Entwurf und der Realisierung eines solchen anwenderfreundlichen Schnittstellenkonzepts sind die folgenden Abschnitte gewidmet.

3 Schnittstellen zwischen den Funktionsblöcken eines Mehrprozessor-Steuersystems

Schnittstellen zwischen den Funktionsblöcken dienen dem Informationsaustausch zur Steuerung der beauftragbaren Funktionen (BF) auf den Funktionsblöcken, der Darstellung ihrer Ein- und Ausgabedaten und schließlich der Konfiguration und Abwicklung des Datenaustauschs zwischen den Funktionsblöcken.

3.1 Anforderungen an die Schnittstellen

Zur Realisierung der in Abschnitt 1 genannten Hauptziele sind eine Reihe von allgemeinen Forderungen zu erfüllen (vgl. Bild 3.1). Bei den zu treffenden Schnittstellendefinitionen sind diese Forderungen im einzelnen zu berücksichtigen beziehungsweise zu verfeinern.

Ziele	Modular	begrenzte Anzahl Standardmoduln	Benutzerfreundlichkeit auf allen Anwendungsebenen	funktionale Nachführbarkeit	technologische Nachführbarkeit
Forderungen	• Busschnittstelle • gebräuchliche Baugröße der Tln. • universelle Daten- und Steuerschnittstelle	• weitgehend festgelegte Schnittstellen definieren • Schnittstellen geeignet für allgemeine Mikrocomputerkarten und spezielle NC-orientierte Tln.	• einfache, durchschaubare Schnittstellen auf allen Ebenen (Hardware, Betriebssystem, Funktionssoftware,...) • einheitliche Dokumentation der FB • Konfigurierbarkeit des Gesamtsystems durch den Anwender	• Unabhängigkeit der FB • Begrenzung des Erweiterungsaufwands auf Ablaufsteuerung und neue Funktion • Schnittstellen anpaßbar an Anwendung	• Nachführbarkeit durch einfachen Austausch der Tln. bzw. FB • Unabhängigkeit der FB

Erklärung: Tln ... Teilnehmer
FB ... Funktionsblöcke

Bild 3.1: Ziele und Forderungen an ein modulares Mehrprozessor-Steuersystem

Auffallend ist die Widersprüchlichkeit der Forderung nach weitgehend festgelegten Schnittstellen (zur Vermeidung einer unübersichtlichen Vielfalt nichtkompatibler Funktionsblöcke)

und der Wunsch nach Anpassung der Schnittstelle an ein spezielles Problem (um eine möglichst optimale Schnittstelle zu erhalten). Alles von vornherein festzuschreiben, würde Modularität und Nachführbarkeit verhindern. Dagegen wird der Verzicht auf Festlegung die Entstehung einer großen Zahl von verschiedenen, nichtkompatiblen Funktionsblöcken begünstigen und die Herausbildung einer begrenzten, übersichtlichen Zahl von leistungsfähigen Standardfunktionsblöcken unmöglich machen. Beide Extreme tragen nicht zur Erreichung der Zielsetzung bei. Das Optimum muß zwischen diesen Extremwerten liegen.

Es ist eine Aufgabe dieses Abschnitts, Schnittstellendefinitionen zu diskutieren und vorzuschlagen, um diesem Optimum mit den so realisierten Funktionsblöcken nahezukommen, wobei alle Festlegungen auf die NC-Technik zugeschnitten sein müssen.

Ein weiterer wesentlicher Gesichtspunkt bei allen Schnittstellenfestlegungen ist die Unabhängigkeit von speziellen Herstellern. Allerdings sind der Stand der Technik und gegenwärtige Entwicklungstrends mit einzubeziehen.

3.2 Hardwareschnittstellen

In einem modularen System müssen die einzusetzenden Elektronikkomponenten in geeigneter Weise elektrisch verbunden werden. Ausgehend von einer Reihe von Untersuchungen zu diesem Problem /11, 28, 29, u. a./ wurde ein Parallelbus, der sogenannte MPST-Bus, entwickelt und vorgestellt /12/, der die in Abschnitt 3.1 gestellten Forderungen bezüglich der Hardwareschnittstelle erfüllt. Dabei baut der MPST-Bus auf bereits genormtem Kartenformat (Doppel-Europaformat), Bau- und Stecksystemen auf. Alle Steckplätze für Busteilnehmer sind physikalisch gleich, sie unterscheiden sich jedoch in ihrer hardwaremäßigen Priorität bezüglich des Buszugriffs. Diese Priorität nimmt ab mit der Entfernung vom Zentralsteuerwerk, das den Bus einem aktiven Teilnehmer auf Anforderung zuteilt. Aktive Teilnehmer sind solche, die selbständig einen Bustransfer abwickeln, das heißt, mit anderen aktiven und passiven Teilnehmern Informationen austauschen können. Die Struktur des MPST-Bus ist in Bild 3.2 dargestellt.

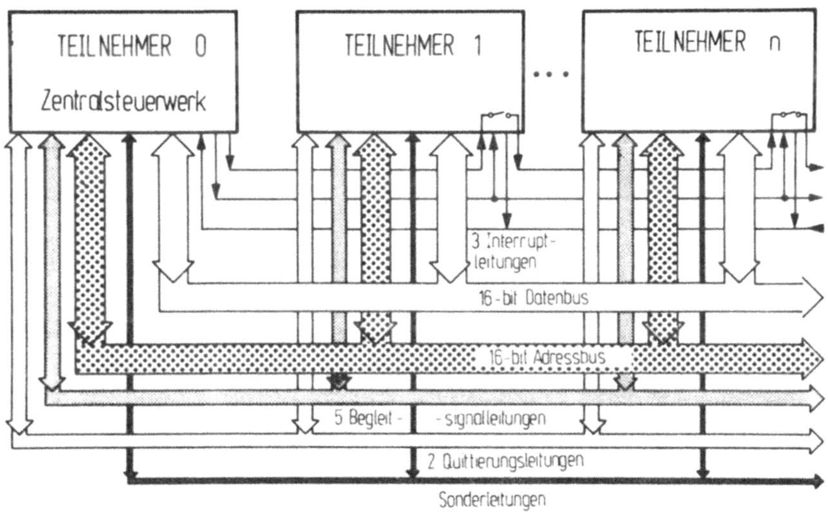

Bild 3.2: Struktur des MPST-Bus (nach /6/)

Hervorgehoben sei der Daten- und Adressbus mit jeweils 16 bidirektionalen Leitungen, einer Anzahl von Begleit- und Quittierungsleitungen und die Möglichkeit, nach Buszuteilung durch das Zentralsteuerwerk, direkt im Übergabespeicher anderer aktiver Teilnehmer lesen und schreiben zu können.
Die Erzeugung der in /12/ beschriebenen Busprozeduren ist Aufgabe der Ankoppelschaltung für die Hardwareschnittstelle in Verbindung mit dem Teilnehmerbetriebssystem (vgl. /24/). Die folgenden Betrachtungen beziehen sich auf den MPST-Bus als Hardwareschnittstelle. Die zu erarbeitenden Softwareschnittstellen sind jedoch für Mehrprozessorsysteme mit einem gemeinsamen, der Prozessorkommunikation dienenden Speicher allgemein anwendbar.

3.3 Softwareschnittstellen

In einem allgemeinen Mehrprozessor-Steuersystem ist die Standardisierung von Softwareschnittstellen zunächst nicht erforderlich. Durch detaillierte Dokumentation lassen sich die jeweils verschiedenen Datenschnittstellen bitgenau darstellen; Datentransfers können von zugeschnittenen Programmen mit optimaler Geschwindigkeit durchgeführt werden. Für spezielle Mikroprozessorkarten werden Betriebssysteme angeboten, die ein solches Vorgehen erlauben /30/. Dem stehen eine Reihe von Nachteilen gegenüber (vgl. Bild 3.3 oben).

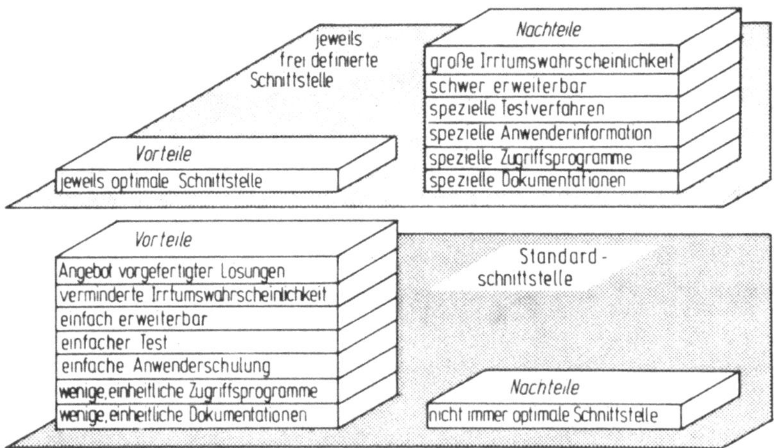

Bild 3.3: Vergleich der Vor- und Nachteile frei definierter - und Standardschnittstellen

Die jeweiligen Nachteile der frei definierten Schnittstellen verwandeln sich in Vorteile bei einer Standardisierung der Schnittstellen. Hier ist neben der Definition eines Standards - als Grundaufwand - nur noch wenig Dokumentation für die Schnittstellen erforderlich. Es gibt weniger Zugriffsprogramme für die Schnittstellen, womit sich die Anwenderschulung vereinfacht und die Irrtumswahrscheinlichkeit bei der Schaffung und

Anwendung von Funktionsblöcken vermindert. Dem Anwender wird eine begrenzte Zahl von vorgefertigten Lösungen für die Benutzung von Schnittstellen geboten, die es ihm ermöglichen, sich auf seine eigentliche Aufgabe - auf die zu entwickelnde Steuerung - zu konzentrieren. Eine Standardschnittstelle ist jedoch oft ein Kompromiß, wodurch nicht immer rechenzeit- oder speicherplatzoptimale Lösungen entstehen. Dieser Nachteil muß dadurch vermieden werden, daß Standards nur soweit wie nötig definiert werden. Die hier allgemein gehaltene Betrachtung über Standardisierung gilt in besonderem Maße für die im folgenden zu definierenden Softwareschnittstellen.
Die physikalische Grundlage der Softwareschnittstellen ist der sogenannte Übergabespeicherbereich auf jedem aktiven Teilnehmer, der allen anderen aktiven Teilnehmern zugänglich ist. Die aktiven Teilnehmer teilen sich den aus 16 Adressleitungen resultierenden 64 k byte MPST-Adressbereich, wovon jedem aktiven Teilnehmer, der einen Funktionsblock repräsentiert, 2 k byte zugeordnet sind. Die Adressierung des Übergabespeichers erfolgt über die physikalische Teilnehmeradresse und über eine Adresse relativ zum Beginn des Übergabespeichers gemäß Bild 3.4. Unabhängig von dem 2 k byte Übergabespeicher kann jeder Teilnehmer einen beliebig großen eigenen, jedoch von keinem anderen Teilnehmer adressierbaren privaten Speicher haben. Mikroprozessoren mit mehr als 16 Adressleitungen, mit bis zu 24 Leitungen, begünstigen dies.
Gegenstand der hier zu diskutierenden Softwareschnittstellen ist die Darstellung der Daten im Übergabespeicher (statische Schnittstelle) und der Zugriff auf diese Daten (dynamische Schnittstelle). Bei dem über den Bus abzuwickelnden Informationsaustausch ist zu unterscheiden zwischen Steuerdaten zur Steuerung der BF, die einen Fluß von Steuerdaten darstellen (Steuerfluß), und den Ein-/Ausgabedaten der Funktionsblöcke, die den eigentlichen Datenfluß bilden. Die Steuerdaten werden in sogenannten Steuerblöcken und die Nutzdaten in Datenstrukturen geführt. Im Bild 3.5 reduzieren sich die Funktionsblöcke bezüglich der Schnittstellenbetrachtungen auf den Übergabespeicher des zugehörigen aktiven Teilnehmers. Es ist ein

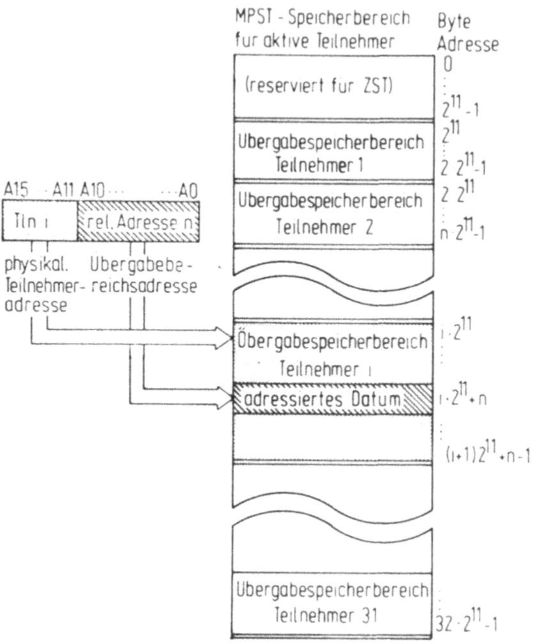

Bild 3.4: Adressierung des Übergabespeichers auf aktiven Teilnehmern

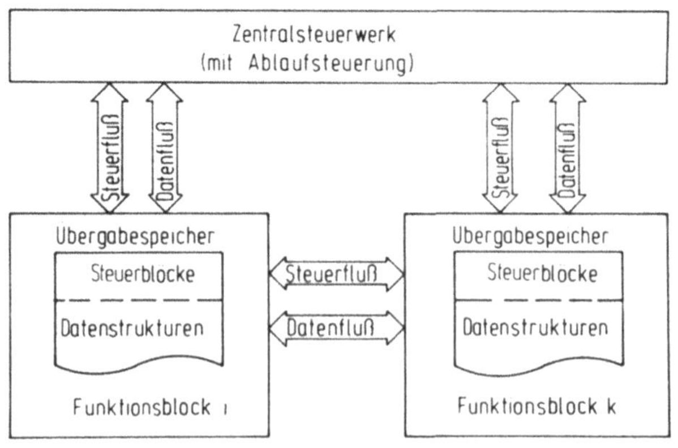

Bild 3.5: Steuer- und Datenfluß zwischen Zentralsteuerwerk und Funktionsblöcken

Steuer- und ein Datenfluß einerseits zwischen dem Zentralsteuerwerk und den Funktionsblöcken und andererseits auch zwischen den Funktionsblöcken untereinander gezeichnet. Der Steuer- und Datenfluß erfolgt physikalisch über den Bus, der allerdings nicht dargestellt ist.

3.3.1 Realisierungsprinzip der Softwareschnittstellen

Zugriffe auf die genannten Steuer- und Datenschnittstellen sind Zugriffe auf gemeinsame Daten verschiedener paralleler Programmabläufe, sogenannter paralleler Prozesse. Zur Koordination paralleler Prozesse innerhalb eines Rechners werden in der Literatur eine große Zahl von Konzepten diskutiert /31, ..., 35/.
Insbesondere die Diskussion über die Koordination paralleler Prozesse bei Verwendung von mehreren Prozessoren ist bis heute noch nicht zu einem befriedigenden Abschluß gekommen. Es sind nur pragmatisch orientierte ad hoc Lösungen bekannt geworden /28, 23/. Allgemeine Semaphoren zur Interprozessorkommunikation scheiden wegen ihrer Unsicherheit und Unüberschaubarkeit aus /46/. Eng an die zu bearbeitenden Daten geknüpfte Verwaltungsinformationen mit einem praktischen Bezug zu diesen Daten bilden einen pragmatischen Lösungsansatz, zumal in dieser Arbeit ein NC-spezifisches Schnittstellenkonzept erarbeitet werden soll. Sofern Lösungen aus dem Bereich der Informatik herangezogen werden können, wird jedoch im folgenden immer Bezug darauf genommen.
Von praktischer Bedeutung für die NC-Technik ist das Konzept der "kritischen Bereiche" /31/. Dies sind Programmteile, die auf gemeinsam verwendete Speicherbereiche zugreifen. Es ist ein wichtiges Prinzip dieser kritischen Bereiche, daß die zugehörigen Programmstücke sehr kurz und einfach sind, um unübersichtliche Fehler bei der Interprozessorkommunikation zu vermeiden. Die kritischen Bereiche werden in /31/ zu "bedingt kritischen Bereichen" erweitert. Falls gewisse Bedingungen zum Weiterarbeiten in diesen kritischen Bereichen nicht erfüllt sind (zum Beispiel Datenblock ist leer), wird der kri-

tische Bereich wieder verlassen. Dieses Prinzip entspricht den praktischen Anforderungen bei der Entwicklung numerischer Steuerungen, da es dem Entwickler des entsprechenden Funktionsblocks überlassen bleiben muß, Schlüsse aus dem Fehlen von Bedingungen zu ziehen und gegebenenfalls Maßnahmen zu ergreifen. Die kritischen Bereiche sind einer Ebene des Betriebssystems zuzuordnen und von einem Anwender über eine funktionale Programmschnittstelle zu benutzen. Dabei sollen die Aufrufe dieser Schnittstelle denen des Betriebssystems ähnlich sein. Wenn zum Beispiel das Betriebssystem eines Mikrocomputers zum Aktivieren einer Task den Aufruf ACTIVATE <TASKNAME> anbietet, so ist es praxisgerecht, zum Starten einer BF den Aufruf BFSTART <BFNAME> als Steuerfunktion zu definieren. Die jeweilige Schreibweise wird von der verwendeten Programmiersprache abhängen; nicht jedoch die Funktion, die durch einen solchen Aufruf aktiviert wird (vgl. Abschnitt 4.3).

3.3.2 Einbettung der Schnittstellen in das Betriebssystem eines aktiven Teilnehmers

Aus Gründen der Koordination gleichzeitiger Zugriffe auf gemeinsam verwendete Speicherbereiche wurde die Softwareschnittstelle der Betriebssystemebene zugeordnet. Im Bild 3.6 sind lediglich die beiden äußeren, dem Bus abgewandten Ebenen der speziellen Funktion der numerischen Steuerung gewidmet. Dies ist beim Zentralsteuerwerk die Ablaufsteuerung und andere nicht in den Funktionsblöcken verwirklichten NC-Software einerseits sowie die NC-spezifische Funktionsblocksoftware auf den Funktionsblöcken andererseits. Der Rest muß der Betriebssystemebene zugeordnet werden (vgl. dazu auch /49, 50/).

Mikrocomputerbetriebssysteme für aktive Teilnehmer

Hierbei handelt es sich um ein oft von den Herstellern der Mikroprozessoren angebotenes kleines Multitaskingbetriebs-

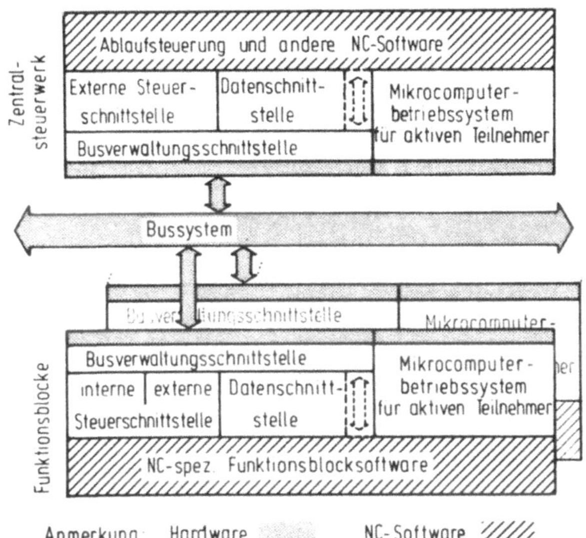

Bild 3.6: Softwareebenen im Zentralsteuerwerk und den weiteren Funktionsblöcken

system mit Möglichkeiten zur Intertaskkommunikation (für Einprozessorlösungen) und sehr häufig mit sogenannten Debugmonitoren (Testhilfen). Komfortablere Ausführungen lassen sich an eine spezielle Hardware anpassen /36/, ohne jedoch eine Busverwaltungsschnittstelle zu bieten. Für sehr zeitkritische Aufgaben wie die Lageregelung kann es sinnvoll sein, diesen Betriebssystemteil stark zu reduzieren.

Busverwaltungsschnittstelle

Die Abwicklung der Busbeantragung sowie das Erkennen der Buszuteilung wird in dieser Ebene durchgeführt. Dabei ist der Softwareanteil der Busverwaltung recht unterschiedlich. Er hängt davon ab, wie weit die Hardware das Busbeantragungs- und Zuteilungsprotokoll unterstützt. Das Mikrocomputerbetriebssystem und die Busverwaltungsschnittstelle wird in /24/ diskutiert und hier nicht weiter betrachtet.

Die Datenschnittstelle

Daten aus einem der Übergabespeicherbereiche werden über die Datenschnittstelle erreicht. Da es für einen schnellen Datenaustausch im Sinne von Echtzeitdatenverarbeitung notwendig ist, nach dem Eröffnen des Datenzugriffs direkt auf die Daten einer Datenstruktur zuzugreifen, ist ein direkter Zugang zur Busverwaltungsschnittstelle gestrichelt eingezeichnet.

Die Steuerschnittstellen

Von der Ablaufsteuerung auf dem Zentralsteuerwerk und von den Funktionsblöcken müssen die beauftragbaren Funktionen anderer Funktionsblöcke benützt werden können. Für das Steuern externer beauftragbarer Funktionen ist die externe Steuerschnittstelle zuständig. Das Entgegennehmen von Aufträgen wird von der internen Steuerschnittstelle realisiert.

Im folgenden wird die Steuerschnittstelle und insbesondere die Datenschnittstelle im Detail entworfen.

4 Schnittstellen für den Steuerfluß zwischen den Funktionsblöcken

Zur Herleitung von Schnittstellen für die beauftragbaren Funktionen (BF) müssen die bisher allgemein gehaltenen Anforderungen verfeinert und an den Bedürfnissen der Steuerungstechnik orientiert werden. Gewichtigster Bewertungsmaßstab ist die bequeme Anwendbarkeit der Schnittstellen zum Betriebssystem gemäß Bild 3.6 durch den Steuerungstechniker, der die NC-Software zu erstellen hat. Daraus resultieren folgende Forderungen:

- Der Anwender muß die BF von einem Programm aus auf der von ihm benutzten Sprachebene ansprechen können;
- der Anwender soll die Vorteile eines Mehrprozessor-Steuersystems zur Lösung seines Steuerungsproblems nutzen können, ohne über besondere Informatikkenntnisse verfügen zu müssen, das heißt, die Schnittstellen müssen einfach, aber NC-gerecht sein;
- fehlerhafte Anwendung der Schnittstellen soll weitgehend ausgeschlossen sein.

Darüber hinaus sind Forderungen an die Schnittstellen zwischen Funktionsblöcken zu stellen. Kennzeichnend sind die einfache Austauschbarkeit und Herstellerunabhängigkeit, woraus sich drei Forderungen ergeben:

- Eindeutigkeit der Festlegung von Steuerdaten;
- Eindeutigkeit von Zugriffsalgorithmen auf diese Daten;
- Eindeutigkeit von Auftraggeber und -nehmer.

4.1 Das Steuerprinzip beim Mehrprozessor-Steuersystem

Änderungen des Zustandes einer BF dürfen wegen der Eindeutigkeit von Auftraggeber und -nehmer nur von der Ablaufsteuerung zentral gesteuert werden. Dies gilt auch dann, wenn dezentrale BF-Ketten aufgebaut werden. In diesem Fall werden die dezentralen Ketten ebenfalls zentral von der Ablaufsteuerung initiiert.

Die zentrale Beauftragung nur durch die Ablaufsteuerung ist

einfacher zu verwalten (vgl. Bild 4.1 oben). Auftragskettung, wie im Bild 4.1 unten dargestellt, erfordert einen weit höheren Verwaltungsaufwand, insbesondere im Störungsfall.

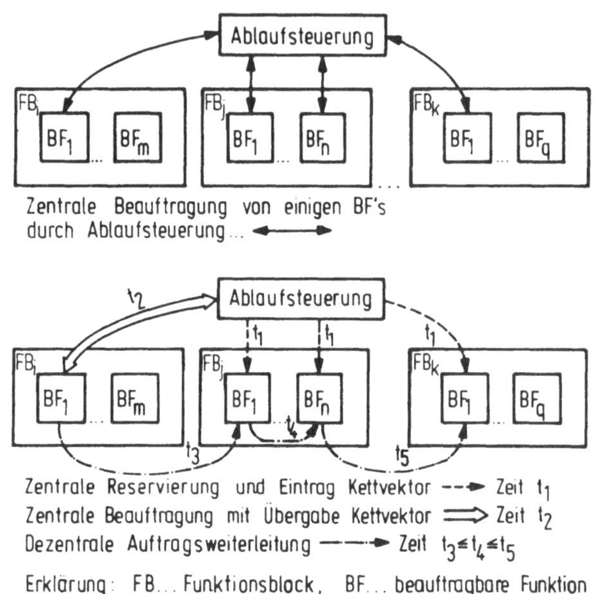

Bild 4.1: Zentrale Beauftragung und Auftragskettung von beauftragbaren Funktionen (BF)

Auch das Testen der Funktionsblöcke macht im geketteten Fall weit mehr Schwierigkeiten und nur in Ausnahmefällen wird die Kettung Vorteile bringen, womit die zentrale Beauftragung vorzuziehen ist. Die externe Steuerschnittstelle in Bild 3.6 existiert dann nur noch auf dem Teilnehmer mit der Ablaufsteuerung, im allgemeinen auf dem Zentralsteuerwerk. In beiden Fällen gibt es jedoch zu einem gegebenen Zeitpunkt für eine BF nur eine Quelle der Beauftragung. Es ist sichergestellt, daß eine BF nie gleichzeitig von mehreren Auftraggebern benützt wird. Zu einem gegebenen Zeitpunkt ist also nur jeweils der Auftraggeber und der Auftragnehmer an der Manipulation der Steuerdaten in den Steuerblöcken beteiligt. Dies ermöglicht einen einfachen Algorithmus zur Beauftragung und zur Quittierung (vgl. Abschnitt 4.4). Jede erfolgreiche Beauftragung hat eine Änderung des Zustands einer BF zur Folge. Daher sollen im nächsten Abschnitt die BF-Zustände erörtert werden.

4.2 Zustände einer beauftragbaren Funktion

BF können bezüglich ihrer Zustände ähnlich wie Tasks /29/ behandelt werden. So wurden die bei Multitaskingbetriebssystemen üblichen Zustände untersucht und daraus ein Satz für die BF-Steuerung abgeleitet. Es werden die Zustände BEREIT, GESTARTET, GESTOPPT und RESERVIERT definiert. Diese Zustände lassen sich eng an die NC-Funktion einer BF anlehnen, wodurch eine fehlerhafte Anwendung weitgehend ausgeschlossen wird.
Alle Zustandsübergänge werden wegen des dadurch sehr klaren Quittierungsverkehrs von der beauftragenden Seite her angestoßen. In Bild 4.2 sind die Zustände als Ovale gekennzeichnet, die Zustandsübergänge als Pfeile.

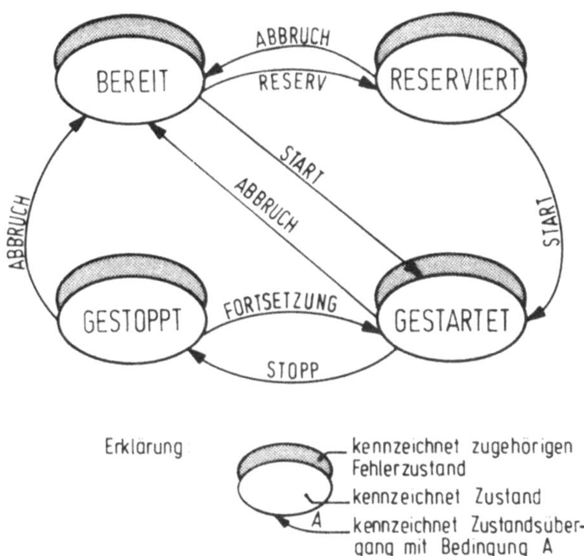

Bild 4.2: Zustandsgraph einer beauftragbaren Funktion (BF)

Zustandsübergänge sind an Bedingungen geknüpft, die durch die Beauftragung erfüllt werden. So liefert ein START-Auftrag die Obergangsbedingung START und führt, falls sich die betrachtete BF im Zustand BEREIT befindet, zum Obergang in den Zustand GESTARTET. In jedem Zustand ist ein BF-spezifischer Fehlerzustand vorgesehen. Dies ist formal in den Zustandsgraphen unterlegt eingezeichnet. Es ist nun abhängig von der Funktion einer BF, ob aus einem Fehlerzustand sinnvoll weitergefahren werden kann, oder ob nur ein Abbruchbefehl in einen brauchbaren Ausgangszustand zurückführt. Obwohl BF ähnlich behandelt werden wie Tasks, sind weitere für die Taskverwaltung üblichen Zustände für die BF-Steuerung nicht von Bedeutung, da ein Anwender von Funktionsblöcken möglichst NC-gerechte BF mit geringstmöglichem Verwaltungsaufwand benutzen möchte.

4.3 Steuerfunktionen für beauftragbare Funktionen

Um eine Ablaufsteuerung für ein Mehrprozessor-Steuersystem entwickeln zu können, bedarf es einer Schnittstelle, die von einem Softwareprogramm aus angesprochen werden kann. Es wurde gefordert, dem Programmierer Funktionen zur Steuerung der BF anzubieten, die dem Niveau seiner Programmiersprache entsprechen. Auf der Ebene des Assemblerprogrammierers werden für solche Betriebssystemfunktionen sogenannte Softwareinterrupts (extended operations oder supervisor calls) /37/ verwendet. Auf der Ebene höherer Programmiersprachen werden dazu Prozeduren angewandt. Die genaue Schreibweise der Steuerungsfunktionen soll nicht definiert werden, wohl aber ihr Funktionsinhalt. Daher wird hier eine allgemeine Schreibweise verwendet, die sich an den üblichen Makroaufrufen /39/ orientiert. Die metasprachliche Darstellung eines Funktionsaufrufes nach /38/ wird wie folgt notiert:

Funktionsaufruf ::= <Funktionsname> <Parameterfeld>

Parameterfeld ::= <Parameter>, {<Parameter>}

wobei die geschweifte Klammer eine mögliche Folge von Parametern kennzeichnet. Ihre Anzahl hängt vom Funktionsaufruf ab. Ein Beispiel soll diese abstrakte Schreibweise verdeutlichen:

Starten der BF "Zielpunktfahrt" auf Funktionsblock GEO
::= BFSTART ZIELPUNKTFAHRT
ZIELPUNKTFAHRT ::= GEO, BF1, MODIFIKATOR, FEHLERWORT

Hierbei besagt die Parameterliste mit dem Namen der BF, daß auf dem Funktionsblock GEO die erste BF mit dem MODIFIKATOR gestartet werden soll. Eventuell auftretende Fehler sind in die mit FEHLERWORT bezeichnete Variable zu schreiben.

4.3.1 Steuerfunktionen zur Beauftragung

Zur NC-gerechten Anwendung der BF müssen Funktionen zur Verfügung gestellt werden, die alle Zustandsübergänge bedingen, und solche, die den momentanen Status einer BF (GETBFSTATUS) und eines Funktionsblocks (GETFBSTATUS) bereitstellen. Mit dem in Bild 4.3 tabellarisch mit ihrer jeweiligen Parameterliste zusammengestellten Funktionen ist dies möglich.

BF-Beauftragung	
Steuerfunktion	Parameterliste
BFSTART	FBNR, BFNR, MODIFIKATOR,[1] FEHLERWORT,[2)3)]
BFFORTSETZ	FBNR, BFNR, MODIFIKATOR, FEHLERWORT
BFSTOPP	FBNR, BFNR, MODIFIKATOR, FEHLERWORT
BFABBRUCH	FBNR, BFNR, MODIFIKATOR, FEHLERWORT
BFRESERV	FBNR, BFNR, MODIFIKATOR, FEHLERWORT,[3)]
GETBFSTATUS	FBNR, BFNR, STATUSWORT, FEHLERWORT
GETFBSTATUS	FBNR, -, STATUSWORT, FEHLERWORT

Erklärung:
BF beauftragbare Funktion
FB Funktionsblock

Anm. 1 BF-spezifisch
2 Rückmeldeinformation der Funktion
3 ggf. Fortsetzzeiger für BF-Kettung, Zykluszeit

Bild 4.3: Steuerfunktionen zur BF-Beauftragung

Die genannten Funktionen müssen durch einen Algorithmus realisiert werden, der einem sicheren Quittierungsverkehr unterliegt (vgl. Bild 4.4), so daß Beauftragungen nicht verloren gehen. Daher wird bei der Beauftragung zuerst geprüft, ob der Funktionsblock selbst beauftragbar ist, und falls ja, ob dies für die zu beauftragende BF auch zutrifft. Kennzeichen für die Beauftragbarkeit sind Steuerworte, die im Bild nicht explizit genannt, jedoch bei der Definition der Steuerdaten in Abschnitt 4.4 erklärt sind.

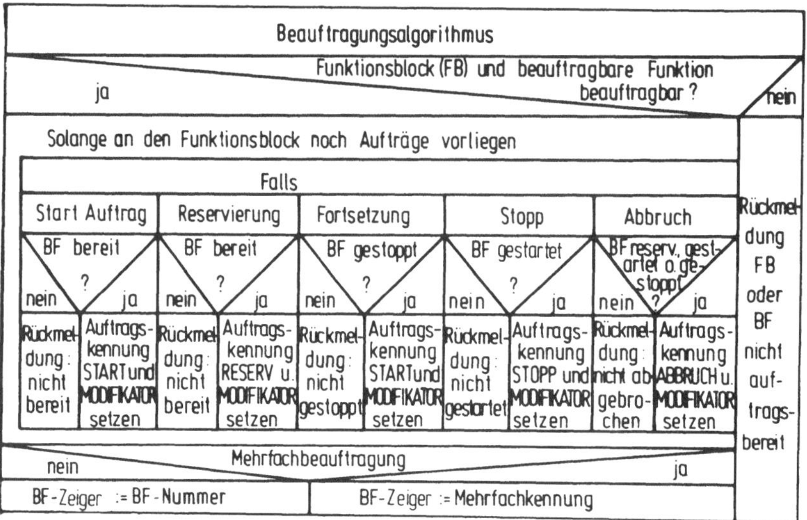

Bild 4.4: Beauftragung von beauftragbaren Funktionen (Algorithmus vereinfacht)

Die gelöschten Steuerworte signalisieren, daß vorhergehende Aufträge verstanden wurden.
Die Darstellung des Algorithmus erfolgt nach Nassi und Shneiderman /48/. Sie enthält einen Programmblock, der durchgeführt wird, solange noch Aufträge an diesen einen, spezifizierten Funktionsblock vorliegen. Dies bedeutet, daß neben Einfachaufträgen auch Mehrfachaufträge erteilt, also mehrere BF gleichzeitig gestartet werden können, falls die eingangs geprüfte Voraussetzung der Beauftragbarkeit vorliegt.
Bei erfolgter Einfachbeauftragung wird in das oben angedeutete Steuerwort für die Beauftragung des Funktionsblocks, der sogenannte BF-Zeiger, mit der zugehörigen BF-Nummer geladen. Dies dient der vereinfachten Entgegennahme von Aufträgen. Bei Mehrfachaufträgen ist dies nicht möglich, so daß hier lediglich eine Mehrfachkennung in den BF-Zeiger eingetragen wird.

Vorher jedoch werden BF-spezifische Auftragskennungen gesetzt, nachdem geprüft wurde, ob der Auftrag im momentanen Zustand der BF einen Sinn ergibt. Erst dann kommt eine entsprechende Beauftragung zustande, andernfalls erfolgt eine Fehlermeldung an das aufrufende Programm.
Die Entgegennahme des Auftrages wird durch Löschen von beiden Steuerworten, von BF-Zeiger und Auftragskennung, quittiert (Prinzip des löschenden Lesens).

4.3.2 Steuerfunktionen zur Entgegennahme von Aufträgen

Die bezüglich des Funktionsblocks extern erteilten Aufträge müssen auf dem Funktionsblock von einer internen Steuerschnittstelle entgegengenommen werden. Auch hier erleichtert es die Anwendung des Mehrprozessor-Steuersystems, die Entwicklung eines Funktionsblocks durch das Angebot entsprechender Steuerfunktionen zu unterstützen, dem Entwickler eine interne Steuerschnittstelle zur Abwicklung des Schnittstellenverkehrs anzubieten. Dazu gehört eine Steuerfunktion zur Erkennung von eingetroffenen Aufträgen (GETAUFTRAG) und Steuerfunktionen zur Durchführung der Zustandsübergänge gemäß Bild 4.2. Wie erwähnt, wird ein Zustandsübergang aufgrund von äußeren Bedingungen durch interne Aktionen der beauftragbaren Funktion realisiert. In Bild 4.5 sind die Steuerfunktionen zur Entgegennahme von Aufträgen mit den notwendigen Parametern zusammengestellt.
Hervorzuheben sind die Steuerfunktionen zur Fehlermeldung, wobei zwischen Fehlern der BF und Fehlern des Funktionsblocks unterschieden wird. Es ist hier ein FEHLERWORT erforderlich, das die Rückmeldung über die Ausführung der Steuerfunktion beinhaltet, und eine FEHLERKENNUNG zur Information an die Ablaufsteuerung, die in verschlüsselter Form einen Fehlerhinweis enthält.

Entgegennahme von Aufträgen	
Steuerfunktion	Parameterliste
GETAUFTRAG	BFNR[1], FEHLERWORT, MODIFIKATOR, ZYKLUSZEIT, ...[2]
GESTARTET	BFNR, FEHLERWORT
GESTOPPT	BFNR, FEHLERWORT
ABGEBROCHEN	BFNR FEHLERWORT
RESERVIERT	BFNR, FEHLERWORT
BFFEHLER	BFNR, FEHLERWORT, FEHLERKENNUNG
FBFEHLER	- , FEHLERWORT, FEHLERKENNUNG

Erklärung:
BF .. beauftragbare Funktion
FB... Funktionsblock

Anm. 1. Rückmeldeinformation der Funktion
2. ggf. Fortsetzzeiger für BF-Kettung

Bild 4.5: Steuerfunktionen zur Entgegennahme von Aufträgen an beauftragbare Funktionen

4.4 Strukturierung der Steuerdaten eines Funktionsblocks in Steuerblöcken

Jeder beauftragenden Steuerfunktion in Bild 4.3 entspricht eine Funktion, die Aufträge entgegennimmt (vgl. Bild 4.5). Als Mittler zwischen diesen Steuerfunktionen dienen Steuerdaten, die in sogenannten Steuerblöcken abgelegt sind. Dies geht auf einen Vorschlag in /63/ zurück. Die Steuerdaten für den Funktionsblock selbst sind in einem ersten Steuerblock (SBO) zusammengefaßt (vgl. Bild 4.6).
Jeder Funktionsblock erhält einen KBO. Er beginnt am Anfang des Übergabespeicherbereichs des zugehörigen aktiven Teilnehmers (vgl. Bild 3.4), ist 16 byte lang und enthält den für die BF-Beauftragung nötigen BF-Zeiger sowie das Status-/Fehlerwort des Funktionsblocks und außerdem noch Informationen zur Benützung des Busses und zur Identifizierung des Funktionsblocks. Die der BF zugeordneten Steuerdaten sind in spezifischen Steuerblöcken mit ebenfalls 16 byte Länge in unmittelbarer Folge nach dem SBO angeordnet. Bei der Auftragserteilung wird gemäß dem Algorithmus in Bild 4.4 die Auftragskennung auf einen entsprechenden Wert gesetzt und gegebenenfalls ein Modifikator, eine Zykluszeit und über einen Datenzeiger Hinweise auf zu verwendete Datenschnittstellen von dem Auftraggeber

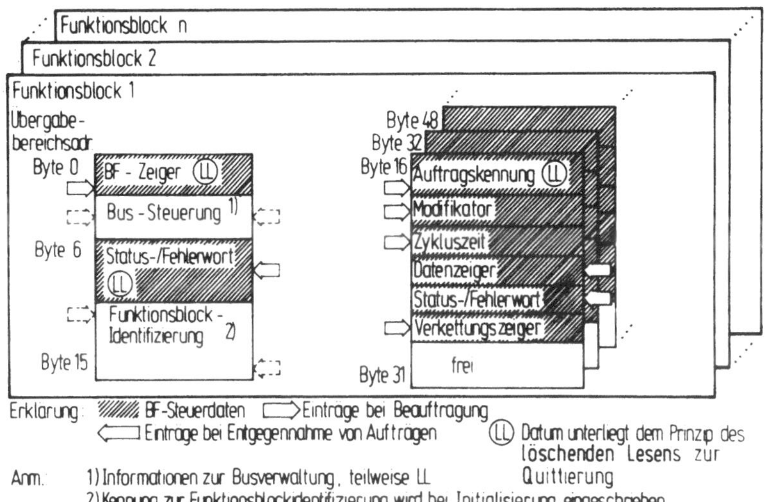

Bild 4.6: Strukturierung der Steuerdaten in Steuerblöcken

eingetragen. Bewirken diese Einträge Änderungen des Zustands der betrachteten BF, so wird das Status-/Fehlerwort von den BF auf einen vereinbarten Wert gesetzt. Die beauftragenden Steuerfunktionen und die Funktionen zur Entgegennahme des Auftrages müssen sich auf eine gemeinsame Vereinbarung beziehen. Durch diese Vereinbarung werden in den Steuerblöcken die Informationen bitweise geführt, wie dies Bild 4.7 am Beispiel der Auftragskennung zeigt.

Ohne eine solche Vereinbarung wäre eine standardisierte Beauftragung von BF nicht möglich. Neben der statischen Festlegung der Steuerinformationen müssen noch Regeln für den dynamischen Zugriff auf diese Daten vereinbart werden. Wie bereits angedeutet, ist dies wegen der Reduzierung der Beauftragungspartner auf einen Auftraggeber durch das einfache Prinzip des löschenden Lesens realisierbar. Bei welchen Einträgen dieses Prinzip zur Anwendung kommt, ist im Bild 4.6 durch das Zeichen LL notiert.

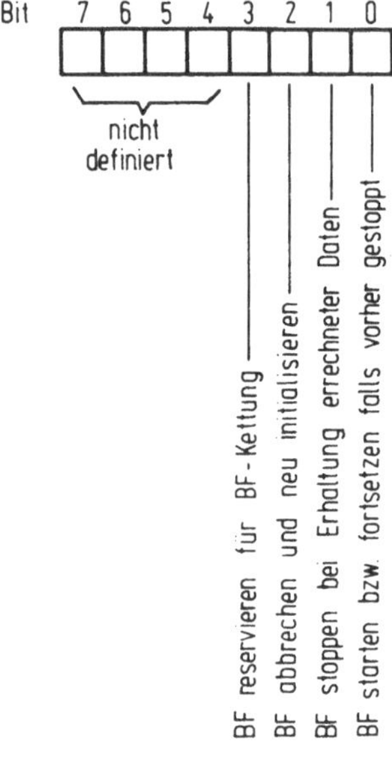

Bild 4.7: Codierung der Bitleiste für die Auftragskennung in BF-spezifischen Steuerblöcken

Zusammenfassung

Im Sinne einer Standardisierung wurden Steuerfunktionen und zugehörige Steuerdaten nebst Regeln zum dynamischen Zugriff auf diese Daten festgelegt. Damit ist insbesondere auch die in Abschnitt 3 aufgestellte und in Abschnitt 4 detaillierte Forderung nach einfachen und auch für den Fertigungstechniker ohne vertiefte Informatikkenntnisse leicht durchschaubaren Schnittstellen auf zwei Ebenen erfüllt.
Die erste Ebene ist die eines Anwenders, der sich mit den BF von fertig erhältlichen Funktionsblöcken mittels einer selbstentwickelten Ablaufsteuerung eine numerische Steuerung konfiguriert. Die vorgeschlagenen Steuerfunktionen bilden indessen nur eine Programmschnittstelle zwischen Anwender- und Betriebssystemprogrammen und sind wegen der Rechnerunabhängigkeit des Mehrprozessor-Steuersystems nur in ihren Funktionen zu vereinheitlichen.

Auf der zweiten Ebene befindet sich der Entwickler der Steuerfunktionen, der diese nur auf der Grundlage von klar definierten Steuerdaten und entsprechenden Zugriffsalgorithmen realisieren kann. Diese Ebene stellt die eigentliche Schnittstelle zwischen den Funktionsblöcken dar, die ja im allgemeinen von verschiedenen Herstellern geliefert werden. Einfache Austauschbarkeit und begrenzter Erweiterungsaufwand ist nur durch eine Vereinheitlichung dieser Schnittstellen zu gewährleisten. Die Vorteile der Standardisierung nach Bild 3.3 sind genutzt. Die Nachteile, die durch übertriebene Standards entstehen, wurden vermieden, weil auf die Festlegung der NC-spezifischen Funktionen einer BF ganz entschieden verzichtet wurde.

Für einen einfachen und damit kostengünstigen Einsatz eines Mehrprozessor-Steuersystems in der Fertigungstechnik ist eine standardisierte Beauftragung jedoch nur eine Voraussetzung. Erst durch die Standardisierung auch des Datenaustausches stellt die abzuhandelnde Schnittstellensystematik letztlich ein Entwurfshilfsmittel zur Realisierung von numerischen Steuerungen in weiten Bereichen der Fertigungstechnik dar. Deshalb werden im nächsten Abschnitt Vorschläge zur Standardisierung von Datenschnittstellen hergeleitet.

5 Schnittstellen für den Datenfluß zwischen den Funktionsblöcken

In einem Mehrprozessor-Steuersystem werden Informationen ausgetauscht, um mit den spezifischen Eigenschaften der BF auf den Funktionsblöcken eine Steuerungsaufgabe zu lösen. Dabei benötigen die BF im allgemeinen Eingabedaten zur Bearbeitung und erzeugen dadurch Ausgabedaten. Analog zur Darstellung der Steuerdaten in Form von Steuerblöcken sollen nun die Nutzdaten strukturiert werden. Die Steuerblöcke sind im wesentlichen nach formalen Gesichtspunkten festgelegt worden, wobei die NC-spezifische Bedeutung einer BF völlig freigestellt ist. Dies gilt auch für die Datenschnittstelle, was bedeutet, daß der Inhalt einer Datenschnittstelle der jeweiligen Anwendung überlassen bleiben muß, die Strukturierung der Daten selbst aber aus eingangs genannten Gründen für die Standardisierung festgeschrieben werden soll.
Neben den Forderungen, die auch schon an die Steuerschnittstellen bezüglich der Anwendbarkeit und Eindeutigkeit zu stellen waren, sind bei den Datenschnittstellen zunächst Kriterien für die Strukturierung von Daten auf der Basis einer Untersuchung von Daten in numerischen Steuerungen zu erarbeiten.

5.1 Daten in numerischen Steuerungen

Untersucht man numerische Steuerungen auf die zu verarbeitenden Daten /11, 24, 40, 41/, so kann man bezüglich der Datenverwendung folgende Unterscheidung treffen:

- Daten, die bereitgestellt und in einem bestimmten Zyklus aktualisiert werden (wie zum Beispiel Vorschuboverride und Anzeigedaten);
- Daten, die einen bestimmten Speicherbereich (Datenpuffer) solange belegen, bis ihr Verbrauch sichergestellt ist und der Datenpuffer wieder mit neuen Daten geladen werden kann (zum Beispiel Koordinatenabschnitte für zu verfahrende numerische Achsen).

Bei den Daten, die nur bereitgestellt werden, den sogenannten Bereitstellungsdaten, ist eine Synchronisation zwischen dem Erzeuger und dem Verbraucher nicht nötig, sie werden zur gegebenen Zeit verwendet. Jedoch ist ein Schutz von konsistenten Daten gegen gleichzeitiges Lesen und Schreiben erforderlich. Bei Verbrauchsdaten dagegen ist ein Verfahren zur einwandfreien Synchronisation zwischen Datenquelle und Datensenke notwendig.
Untersucht man Daten in numerischen Steuerungen weiter, so lassen sie sich bezüglich ihrer Organisationsform gliedern. Zusammengehörige Daten werden oft blockweise organisiert (zum Beispiel als Block von Zielpunktkoordinaten) oder als Folge von Blöcken, die etwa nach dem First In-First Out Prinzip (FIFO) bearbeitet werden. Die Darstellung von Einzelworten ist ebenso üblich wie die Strukturierung großer Datenmengen in Dateien in Form von sogenannten Files.
Eine weitere Unterscheidungsmöglichkeit ist durch die verwendeten Datenformate gegeben. Das zu verarbeitende NC-Programm wird meist aus dem ASCII-Format /42/ in ein für arithmetische Weiterbearbeitung besser geeignetes Fest- oder Fließkommaformat umgesetzt /54, 61/.
Die einzelnen Adressierungsverfahren von Daten bilden eine weitere Gruppe. Es treten vor allem die in Rechnern üblichen Verfahren zur direkten und indirekten Adressierung auf. Zu diesen in CNC üblichen Unterscheidungsmerkmalen für Daten gibt es in einem Mehrprozessor-Steuersystem von einem aktiven Teilnehmer aus gesehen noch verschiedene physikalische Speicherorte. Die Daten können auf einem betrachteten aktiven Teilnehmer selbst oder aber im Übergabespeicher eines anderen aktiven Teilnehmers stehen bzw. im Adressbereich der passiven Teilnehmer, dem sogenannten I/O-Bereich, liegen /12/. Zugriffe auf Daten im eigenen Übergabespeicher gestalten sich wie bei Einrechnersystemen üblich recht einfach. Bei Zugriffen auf die Daten anderer Teilnehmer muß der Bus als Transportweg verwendet werden.
Daten in numerischen Steuerungen unterscheiden sich insbesondere in ihrer Bedeutung. Sie reicht vom NC-Programm zur

Fertigung eines Werkstücks bis hin zur Bitkombination für die Ansteuerung eines Lampenfeldes. In bezug auf die Bedeutung der Daten sollen keine Festlegungen getroffen werden, dies wird vom einzelnen Anwendungsfall abhängen.
Die diskutierten Unterscheidungsmerkmale sind im Bild 5.1 zusammengestellt. Durch Kombination aller Möglichkeiten lassen sich nun formal eine große Anzahl von Datenstrukturen finden.

Daten-verwendung	Datenorganisation	Speicherort	Adressierungsverfahren	Datenformat	Bedeutung
Bereitstellung ohne Synchronisation Verbrauch mit Synchronisation	Wort Block FIFO Feld Zeichenkette Datenfile	auf Teilnehmer selbst auf anderen Teilnehmern im Bereich der passiven Teilnehmer	direkt indirekt	ASCII BCD Binär Bitleiste Festkomma Gleitkomma	Bediendaten Korrekturwerte NC-Programme Geometriedaten Technologiedaten Wegdifferenzen Geschwindigkeitssollwerte ⋮

Bild 5.1: Formale Unterscheidungsmerkmale von Daten in einem Mehrprozessor-Steuersystem

Nicht alle Kombinationen sind jedoch in numerischen Steuerungen sinnvoll. Daher ist es erforderlich, zunächst die Kriterien und Voraussetzungen für die Definition eines Satzes von Datenstrukturen als Nutzdatenschnittstellen zu erarbeiten.

5.2 Kriterien für die Strukturierung von Daten

5.2.1 Allgemeine Kriterien zur Strukturierung von Daten in CNC

Datenstrukturen müssen so beschaffen sein, daß sie die in Bild 3.1 genannten Hauptzielsetzungen und Forderungen weitgehend erfüllen. Insbesondere müssen sie folgende Eigenschaften haben:

- mit wenigen Verwaltungsdaten müssen möglichst viele, in der NC-Technik üblichen Nutzdaten, die ein Steuerungstechniker direkt versteht, dargestellt werden können;
- für Zugriffe auf die Datenstrukturen soll der Zeitaufwand für Organisation gering sein;
- es sollen möglichst wenige unterschiedliche Datenstrukturen für einen breiten Einsatzbereich im Mehrprozessor-Steuersystem verwendbar sein, um die Zahl der Zugriffsprogramme gering zu halten;
- die definierten Datenstrukturen sollen für die Darstellung aller Daten an den Schnittstellen eines Mehrprozessor-Steuersystems ausreichen, damit der vorzuschlagende Standard nicht durch Sonderfestlegungen verletzt wird;
- Verwaltungsdaten einer Datenstruktur sollen eng an die Art der Datenstrukturierung angelehnt, keinen allgemeinen abstrakten Charakter haben und damit so einfach und benutzerfreundlich sein, damit Irrtümer weitgehend ausgeschlossen sind und Verklemmungen, wegen gegenseitigen Wartens zweier Partner auf die Erfüllung einer Bedingung durch den anderen /31, 44/, vermieden werden.

Die zu definierenden Datenstrukturen müssen sich an den genannten Kriterien orientieren, jedoch vor allem auch die Problematik eines modularen Mehrprozessor-Steuersystems berücksichtigen.

5.2.2 Kriterien für die Datenstrukturierung bei Mehrprozessor-Steuersystemen

Die Datenschnittstellen müssen so beschaffen sein, daß ein Anwender der Schnittstellen von den Problemen des Datenaustausches in einem Mehrprozessor-System entlastet wird. Dazu sind folgende Eigenschaften der Datenstrukturen notwendig:

- der Datenaustausch zwischen Teilnehmern muß frei von Verklemmungen ablaufen (deadlocks);
- die Datenschnittstellen auf aktiven Teilnehmern müssen sich für einen Anwender als virtuelle Schnittstellen darstellen,

das heißt, er schreibt seine Programme, als ob er mit einem einzelnen Prozessor arbeitet (vgl. Abschnitt 5.6.2.1);
- die besonderen Eigenschaften des Kommunikationsweges zwischen Teilnehmern (hier die Eigenschaften des MPST-Busses) müssen berücksichtigt werden, für den Anwender jedoch weitgehend irrelevant bleiben.

Die Informatikliteratur beschäftigt sich seit Jahren mit dem Problem der deadlocks und stellt auch für spezielle Fälle Lösungen zur deadlock-Erkennung zur Verfügung /31, 44 u. a./. Solche Lösungen scheiden wegen des außerordentlich hohen Rechenaufwandes für Echtzeitanwendung im Bereich der Steuerung von Werkzeugmaschinen aus; es gilt, deadlocks zu vermeiden. Dazu wird in /31/ folgende Grundregel angegeben:
"Versuche nicht, eine Nachricht oder eine Antwort zu senden, wenn sie nicht schließlich irgend jemand empfängt; und versuche nicht, eine Nachricht oder eine Antwort zu empfangen, wenn niemand eine sendet."
Dieser Rat ist natürlich nur dann zu befolgen, wenn die Kommunikationsschnittstelle für einen Anwender leicht zu verstehen und daher im obigen Sinne nicht falsch anwendbar ist. Eine einfache Möglichkeit, den Datenfluß zu konfigurieren, unterstützt dies. Die Transparenz für einen Anwender wird durch das Prinzip der virtuellen Schnittstellen erhöht. Beim Programmieren eines Funktionsblocks ist es dem Entwickler gleichgültig, wo sich die von ihm verwendeten Daten physikalisch befinden. Er muß davon ausgehen, daß sie ihm über die funktionale Schnittstelle, ähnlich wie bei der Steuerung von BF, zugänglich werden. Der Datenstransfer zwischen den Funktionsblöcken ist zum Zeitpunkt der Entwicklung eines Funktionsblocks noch irrelevant, die Konfiguration des Datenflusses soll erst bei der Fertigstellung der Gesamtsteuerung ohne Änderung an den Funktionsblöcken erfolgen. Es ist daher eine einfache Lösung zur Konfiguration des Datenflusses zu fordern, die ohne Informatikkenntnisse und ohne merklichen Zeitverlust im Echtzeitbetreib anwendbar ist. Nur wenn der Steuerungstechniker komplexe Steuerungsaufgaben bei einfacher Handhabung eines Mehrprozessor-Steuersystems lösen kann, sind die Voraus-

setzungen für seinen breiteren Einsatz in der Fertigungstechnik geschaffen. Dazu ist es nötig, die auftretenden Informatikprobleme in einer allgemeinen Weise zu lösen.

5.3 Prinzipien und Voraussetzungen zur Vermeidung von Verklemmungen in einem Mehrprozessor-Steuersystem

Zur Betrachtung des Verklemmungsproblems ist es sinnvoll, den gegenseitigen Ausschluß von externen und internen Zugriffen auf gleiche Datenbereiche zur gleichen Zeit zu diskutieren. In Bild 5.2 sind die Fälle des internen Zugriffs eines aktiven Teilnehmers auf einen eigenen Übergabespeicherbereich bei gleichzeitigem Ausschluß eines externen Zugriffs und der umgekehrte Fall dargestellt.

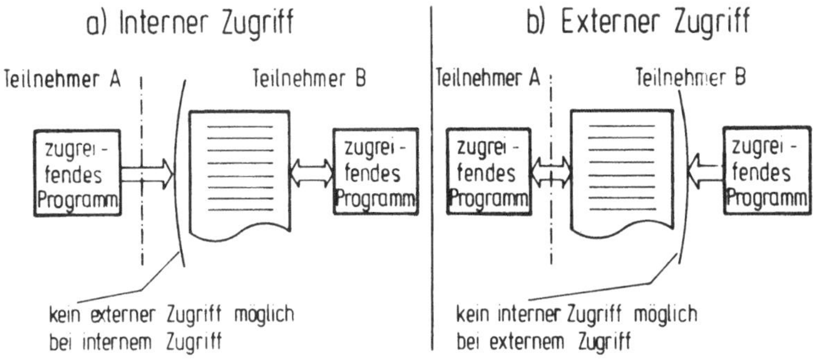

Bild 5.2: Interner und externer Zugriff auf einen Übergabespeicherbereich

Es sind also zweierlei Verriegelungen zu unterscheiden:

- Teilnehmer B arbeitet intern in seinem eigenen Übergabespeicherbereich und möchte ihn zeitweilig vor externen Zugriffen anderer Teilnehmer schützen;
- Teilnehmer A arbeitet im fremdem Übergabespeicherbereich und möchte einen gleichzeitigen Zugriff des Teilnehmers B auf dessen eigenen Übergabespeicherbereich unterbinden.

Dabei ist nicht der gesamte Zugriff durch gegenseitigen Ausschluß zu verriegeln, sondern zumeist nur der Zugriff auf die Verwaltungsdaten der Datenstrukturen, die durch Variablen darzustellen sind. Dazu werden drei Regeln zur Verwendung solcher Variablen genannt, die im Einzelnen zur Anwendung kommen:

Regel 1 Eine Variable wird immer nur von einer Seite (intern oder extern) verändert und von der jeweils anderen Seite nur gelesen.

Regel 2 Eine Variable wird nur dann beschrieben, wenn sie vorher als Null gelesen wurde und die zugehörige Information nur dann als gültig gelesen, wenn sie ungleich Null war (vgl. Bild 5.3).

Fall 1: Daten werden extern geliefert

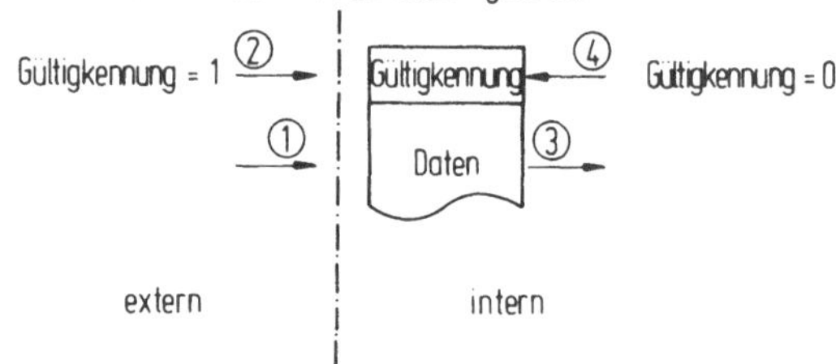

Fall 2: Daten werden intern geliefert

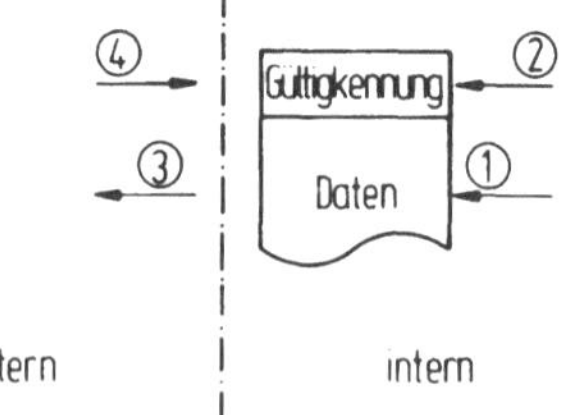

Erläuterung: ① Falls Gültigkennung = 0 Daten eintragen. Sonst kein Eintrag

② Gültigkennung = 1 setzen nach Eintrag

③ Falls Gültigkennung = 1 Daten lesen. Sonst nicht lesen

④ Gültigkennung = 0 setzen nach Lesen

Bild 5.3: Prinzip des löschenden Lesens mit Gültigkennung

Dieses Prinzip des löschenden Lesens wurde bereits zur Quittierung von Steuerblockinformationen angewandt, wobei dort die Gültigkennung der zu übermittelnden Information entsprach. Im Bild 5.3 ist dieses Prinzip nochmals allgemein dargestellt, da es in dieser Form für eine Blockstruktur von Verbrauchsdaten weiterverwendet werden soll.

Regel 3 Eine Variable wird durch einen sogenannten "Read-modify-write-Zyklus" verändert, wie dies zum Beispiel bei Additionsbefehlen der Fall ist. Dies ist bezogen auf den gegenseitigen Ausschluß ein kritischer Fall und in Bild 5.4 dargestellt.

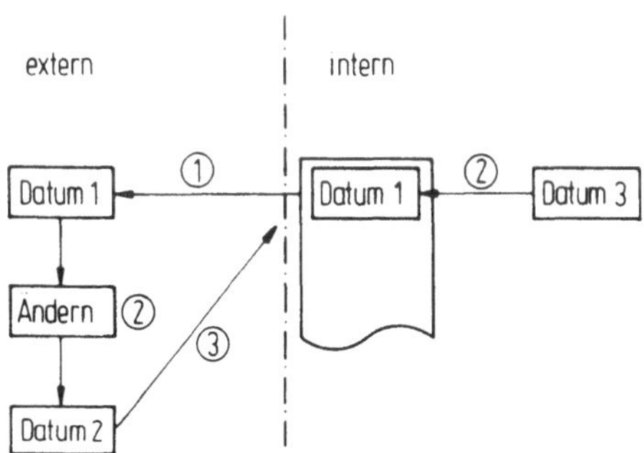

Zeitlicher Ablauf

① read	:	Lesen eines Datums 1 aus internem Speicher	
② modify	:	Externe Änderung dieses Datum 1 in Datum 2	Interne Änderung des Datum 1 in Datum 3
③ write	:	Schreiben des Datum 2 in den internen Speicherbereich und damit überschreiben des Datum 3	

Bild 5.4: Zur Problematik des "Read-modify-write-Zyklus"

Nach dem Lesen eines Datums in einem ersten Zyklus wird in einem weiteren Zyklus das Datum extern, in einem anderen Teilnehmer, verändert. Im selben Zeitraum kann das ursprüngliche Datum von der jeweils anderen Seite geändert, zum Beispiel aktualisiert werden. Beim Zurückschreiben des Ergebnisses des externen Teilnehmers zum Zeitpunkt 3 wird nun das intern aktualisierte Datum überschrieben und ist somit verloren.

Die beiden ersten Regeln bedürfen keiner weiteren Erläuterung. Aus der dritten Regel jedoch muß eine Forderung an die Hardware der verwendeten Teilnehmer abgeleitet werden:
Der in Bild 5.4 skizzierte "Read-modify-write-Zyklus" ist unteilbar zu machen.
Dieses Problem wird durch neuere Mikroprozessoren entschärft, die arithmetische Befehle ohnehin als unteilbare Operation anbieten. Weitere unteilbare Operationen, die von Mikroprozessoren der heutigen Generation zusätzlichen Aufwand erfordern, werden nicht vorausgesetzt.

5.4 Definition von Datenstrukturen

Die in Bild 5.1 zusammengestellten Unterscheidungsmerkmale wurden mit den in den vorhergehenden Abschnitten genannten Kriterien und Voraussetzungen verglichen und auf Brauchbarkeit in NC-Systemen geprüft. Daraus wurden eine Reihe von Datenstrukturen (abgekürzt DS) definiert, die im Bild 5.5 dargestellt sind. Die Datenverwendung erfordert eine Zweiteilung der DS in Bereitstellungsdaten und Verbrauchsdaten, wie schon in Bild 5.1 angedeutet. Die Bereitstellungsdaten lassen sich in Worte, Felder oder Dateien mit Files strukturieren. Hierbei ist die DS WORT die einfachste Möglichkeit, eine Information, bestehend aus zwei Byte, darzustellen. Felder konsistenter Daten werden in der DS FELD bereitgestellt. Größere Datenmengen können in einer DS FILE strukturiert werden. Verbrauchsdaten werden als Blöcke, Zeichenketten (Strings) oder als Folge von Blöcken, die nach dem FIFO-Prinzip zu verarbeiten sind, strukturiert. Die DS BLOCK hat eine jeweils definierte Blocklänge, während die DS STRING durch ein vom

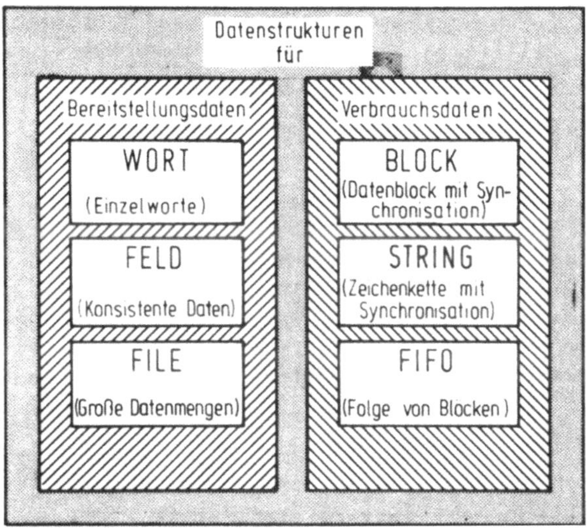

Bild 5.5: Gliederung der Datenstrukturen

Anwender zu definierendes Endzeichen limitiert ist. Die DS FIFO wird durch eine anwendungsabhängige Anzahl von Blöcken mit jeweils gleicher Länge gebildet. Die weiteren in Abschnitt 5.1 genannten Unterscheidungsmerkmale von Daten in numerischen Steuerungen wie Speicherort, Adressierungsverfahren und Datenformat blieben bisher unberücksichtigt. Diese Merkmale werden beim Aufbau der DS und bei der Konfiguration des Datenflusses in einem Mehrprozessor-Steuersystem eine Rolle spielen.
In den folgenden Abschnitten soll jeweils eine DS für Bereitstellungsdaten und Verbrauchsdaten detailliert hergeleitet werden.

5.4.1 Datenstruktur für Bereitstellungsdaten: FELD

Die Schnittstelle zu den BF hat sich für den Entwickler einer Ablaufsteuerung auf einer funktionalen Ebene dargeboten, die etwa der Ebene der von ihm verwendeten Programmiersprache entsprach und sich hierarchisch gesehen als Steuerschnittstelle in der ersten Schicht des Betriebssystems befand. Betrachtet man nochmals Bild 3.6, so ist dort die Datenschnittstelle in derselben Ebene eingegliedert. Auf ähnliche Weise sollen hier für die Datenschnittstellen anwendungsnahe Funktionen definiert werden.

5.4.1.1 Zugriffsfunktionen für die Datenstruktur FELD

Der Zugang zu den DS und insbesondere die Algorithmen zur Verhinderung von gleichzeitigen Mehrfachzugriffen sind dem Entwickler eines Funktionsblocks über eine funktionale Datenschnittstelle möglich. Der Funktionsaufruf erfolgt wieder wie bei der Steuerschnittstelle, also gegliedert in einen Funktionsnamen und in einen Zeiger auf ein Parameterfeld. Ein Beispiel soll dies auch hier verdeutlichen:

Öffnen des FELD "Anzeigedaten" zum Schreiben ::=
FELD OEFFNEN ZUM SCHREIBEN   ANZEIGEDATEN
ANZEIGEDATEN ::= BF1, LFDNR, FEHLERWORT, BASISADRESSE

Hierbei besagt die Parameterliste, daß die spezifizierte Zugriffsfunktion FELD OEFFNEN ZUM SCHREIBEN auf eine DS der BF1 mit laufender Nummer LFDNR anzuwenden ist. Eventuell auftretende Fehler beim Zugriff werden in der spezifizierten Variablen FEHLERWORT zurückgemeldet. Die Basisadresse des geöffneten Feldes wird in der Variablen BASISADRESSE von der Zugriffsfunktion zurückgegeben. Das aufrufende Programm kann nach erfolgreichem Öffnen beliebige Adressen innerhalb des Feldes beschreiben.

Mit einer weiteren Zugriffsfunktion muß das Feld baldmöglichst wieder geschlossen werden:

FELD SCHLIESSEN   ANZEIGEDATEN

Diese Zugriffsfunktion kann je nach Implementierung ohne Parameterliste aufgerufen werden.

Es ist nötig, den Programmabschnitt zwischen dem Öffnen und Schließen eines Feldes zeitlich gesehen so kurz wie nur möglich zu gestalten, da in diesem Abschnitt andere Zugriffe ausgeschlossen sind. Ist diese Programmierdisziplin nicht vorauszusetzen, so kann dem Programmierer eines Funktionsblocks eine Schnittstelle angeboten werden, die einen solchen Mißbrauch ausschließt. Diese Schnittstelle erlaubt dann das Schreiben in der Datenstruktur nicht mehr direkt, das dazu geschaffene Unterprogramm muß jedoch die obengenannten Zugriffsfunktionen verwenden, weil sie das einzige "Fenster" zu dem Datenfeld darstellen. Die Datenstruktur FELD soll natürlich auch gelesen werden. Eine solche Zugriffsfunktion ist daher in die folgende zusammenfassende Liste der Zugriffsfunktionen für die Datenstruktur FELD mit aufgenommen:

- FELD OEFFNEN ZUM SCHREIBEN <FELDNAME>
- FELD OEFFNEN ZUM LESEN <FELDNAME>
- FELD SCHLIESSEN <FELDNAME>

Dabei verbirgt sich hinter der Schreibweise FELDNAME der Zeiger auf die zum Aufruf gehörenden Parameterliste:

<FELDNAME>::= BFNR, LFDNR, FEHLERWORT, BASISADRESSE

5.4.1.2 Diskussion verschiedener Lösungen der Datenstruktur FELD

Mit den oben genannten Zugriffsfunktionen sollen Lese- und Schreiboperationen auf Felder konsistenter Daten durchgeführt werden. Um einen möglichst einfachen Algorithmus zum Ausschluß gleichzeitiger Mehrfachzugriffe auf diese DS zu entwickeln, werden die in Abschnitt 5.3 genannten Softwareregeln verwendet.

Der Entwurf einer Datenstruktur im einzelnen, wie sie hier erfolgen soll, umfaßt die Definition von Verwaltungsvariablen und die Festlegung der Zugriffsbedingungen auf diese Variablen. Nur durch diese Definitionen ist es einem Entwickler des Betriebssystems möglich, die im vorhergehenden Abschnitt genannten Zugriffsfunktionen zu realisieren.

Erster Lösungsansatz mit einer Variablen

In einem ersten Ansatz gemäß Bild 5.6 wird eine Variable BESETZT definiert, die allen Konkurrenten, welche um den Zugriff auf eine DS wetteifern, anzeigt, daß die DS im Moment besetzt ist.

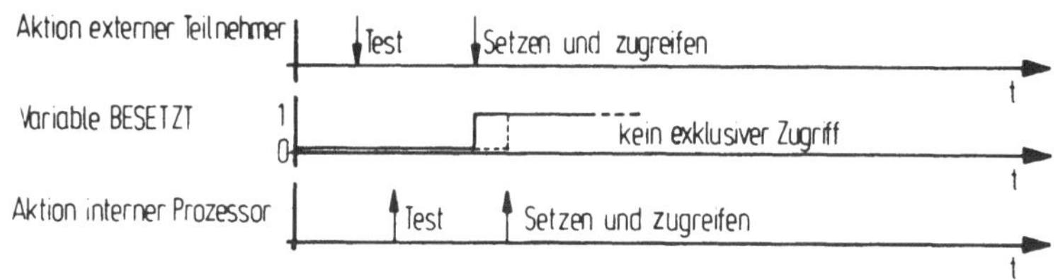

Bild 5.6: Versuch der Regelung des Zugriffs auf die Datenstruktur Feld mit einer Variablen

Diese einfache Methode versagt jedoch in einem Fall: wenn zwischen dem Prüfen der Variablen und ihrem Setzen ein anderer Bewerber um den Zugriff, diese Variable ebenfalls prüft und wegen BESETZT = 0 die Variable selbst setzt und auf die Daten zugreift. Die Forderung nach einem gegenseitigen Ausschluß kann so nicht erfüllt werden; das Verfahren ist ungeeignet. Falls die Operation vom Testen der Variablen bis zum eventuellen Setzen hardwaremäßig unteilbar gemacht werden könnte (sogenannter Test-and-set-Befehl), so wäre ein gegenseitiger Ausschluß möglich. Diese Eigenschaft der Hardware muß im folgenden nicht vorausgesetzt werden, wie sich zeigen wird. Die Lösung mit nur einer Variablen leistete auf diese Weise zwar den gegenseitigen Ausschluß, böte aber nicht in allen Fällen eine regelmäßige Zugriffsmöglichkeit auf die Daten, wie die folgenden Betrachtungen verdeutlichen. Dazu soll zunächst ein Verfahren untersucht werden, das unter Verwendung von zwei Variablen ohne weitere Hardwarevoraussetzungen arbeitet.

Verwendung zweier Variablen

Es ist zu unterscheiden zwischen internem und externem Zugriff gemäß Bild 5.2. Entsprechend sind auch solche Variablen definiert:

EXTERNER ZUGRIFF	um den Anspruch auf oder das Andauern eines externen Zugriffs anzuzeigen und
INTERNER ZUGRIFF	um den Anspruch auf einen internen Zugriff anzumelden, beziehungsweise das Andauern eines solchen Zugriffs anzuzeigen.

Die Variablen sind in ihrer Bedeutung also völlig symmetrisch. Der externe Zugriff erfolgt nach folgendem Algorithmus, der wegen seiner Einfachheit noch verbal, in einem sogenannten Pseudocode niedergeschrieben werden kann:

```
Anfang externer Zugriff
EXTERNER ZUGRIFF := 1                    Anspruch erklären
solange INTERNER ZUGRIFF = 1             Steht DS unter inter-
    warten bis INTERNER ZUGRIFF = 0      nem Zugriff? Falls ja,
    externen Zugriff durchführen         Warten, bis dieser Zu-
                                         griff beendet ist
EXTERNER ZUGRIFF := 0                    DS wieder freigeben
Ende externer Zugriff
```

Im Bild 5.7 oben ist dieses Verfahren (mit "Warten") als Ablaufdiagramm dargestellt. Für einen Algorithmus zum internen Zugriff müssen nur die Variablennamen ausgetauscht werden. Wie nun im Bild 5.7 oben zu erkennen ist, gibt es bei diesem Verfahren die Möglichkeit einer Verklemmung, wenn bei gleichzeitigen Zugriffsversuchen beide Partner warten, bis der jeweils andere den Zugriff beendet. Dies läßt sich durch eine einfache Änderung des Algorithmus vermeiden:

```
Anfang externer Zugriff
EXTERNER ZUGRIFF := 1                    Anspruch erklären
wenn INTERNER ZUGRIFF = 1                Steht DS unter in-
                                         ternem Zugriff?
        dann: EXTERNER ZUGRIFF := 0      Falls ja, Anspruch
                                         aufgeben
```

<u>sonst:</u> externen Zugriff durchführen und
EXTERNER ZUGRIFF := 0 DS wieder freigeben

<u>Ende</u> externer Zugriff

Dieses Verfahren (ohne "Warten") ist in <u>Bild 5.7</u> unten dargestellt.

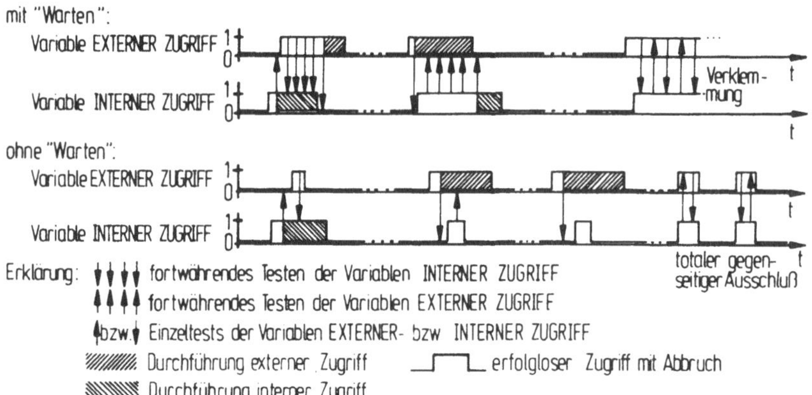

<u>Bild 5.7:</u> Zwei Variable zum Setzen eines Zugriffsanspruchs

Wie gewünscht wird die Verklemmung vermieden. Der zwar wenig wahrscheinliche, aber mögliche Fall eines totalen gegenseitigen Ausschlusses macht jedoch auch dieses Verfahren für die allgemeine Verwendung in numerischen Steuerungen unbrauchbar, da die Zugriffsmöglichkeit zeitweise dem Zufall überlassen bleibt. Das Verfahren mit zwei Variablen und mit "Warten" wird auch noch auf eine andere, einfache Art verbessert: der Wartezustand mindestens einer Seite muß zeitlich begrenzt werden. So könnte zum Beispiel der externe Zugriff nach einer gewissen Wartezeit aufgegeben werden:

<u>Anfang</u> externer Zugriff
EXTERNER ZUGRIFF := 1 Anspruch erklären
<u>solange</u> INTERNER ZUGRIFF = 1 <u>und</u>
Wartezeit nicht abgelaufen
<u>Warten</u> bis INTERNER ZUGRIFF = 0
externen Zugriff durchführen
EXTERNER ZUGRIFF := 0 DS wieder freigeben

Ende externer Zugriff

Dieses Prinzip der Zeitüberwachung würde die Verklemmung sicher ausschließen. Falls nun beide Zugriffspartner mit Zeitüberwachung arbeiten, könnten gleichzeitige Zugriffe wieder mit Abbruch enden, ähnlich wie beim Verfahren ohne "Warten". Dieser Fall, obwohl noch unwahrscheinlicher als die vorher genannten Fälle, ist nicht ausgeschlossen, womit das Verfahren als nicht sicher zu bezeichnen ist. Dies gilt auch für die Methode, bei der nur ein Zugriffspartner, zum Beispiel der externe, mit einer Zeitüberwachung ausgestattet ist. Bei entsprechender, nicht vorhersehbarer Konstellation der Zugriffe müßte dann dieser Zugriff über eine unbestimmte Zeit hinweg immer wieder aufgegeben werden. Daher ist es zweckmäßig, durch Kombination der bisherigen Lösungen ein fehlerfreies Verfahren zu entwickeln. Dazu sollen die angewandten Prinzipien zusammenfassend betrachtet werden.

Bisher angewandte Prinzipien

Die in Bild 5.8 zusammengestellten Lösungsansätze beziehen sich mit ihren Vor- und Nachteilen auf die Anwendung des jeweiligen Prinzips von jeweils beiden Zugriffspartnern.

angewandtes Prinzip	Vorteile	Nachteile
Warten auf Beendigung des jeweils anderen Zugriffs	• keine Wiederholung des Zugriffs nötig • Daten immer weitgehend aktuell	• Rechenzeitverlust durch Warten • Verklemmungsgefahr
Sofortiger Abbruch des eigenen Zugriffs	• Verklemmungsfrei	• Daten veralten • totaler gegenseitiger Ausschluß möglich
Warten mit Abbruch nach Ablauf einer Wartezeit	• Verklemmungsfrei	• Rechenzeitverlust durch Warten • Daten veralten • totaler gegenseitiger Ausschluß mit geringer Wahrscheinlichkeit möglich

Bild 5.8: Bisher angewandte Prinzipien bei gleichzeitigen Zugriffen auf ein Feld konsistenter Daten

Bei geeigneter Kombination der Lösungsansätze lassen sich vor allem die Verklemmung und der totale gegenseitige Ausschluß verhindern. Am besten geeignet sind die beiden letzten Prinzipien, wobei der Zugriffspartner mit sofortigem Abbruch benachteiligt ist, was noch zu klären sein wird. Das Warten stellt ein Vorrecht dar, da es einen verzögerungsfreien Zugriff nach Erfüllung der Zugriffsbedingungen erlaubt. Durch die Begrenzung des Wartens auf eine definierte Wartezeit gelingt es zwar, verklemmungsfrei zu werden, man handelt sich jedoch Nachteile des zweiten Prinzips ein.
Bisher wurde immer zwischen internem und externem Zugriff unterschieden. Dies geschah in Anbetracht der physikalischen Realisierung der DS auf einem Übergabespeicher. Erweitert man dieses Konzept und stellt sich eine DS in einem Speicherbereich vor, der auch von allen Teilnehmern adressiert werden kann, aber nicht in einem Übergabespeicherbereich liegt, im Adressbereich der passiven Teilnehmer also, so befindet sich diese DS extern von allen aktiven Teilnehmern aus gesehen. Daher sei zur Kennzeichnung der Zugriffspartner nun "lesender" und "schreibender" Zugriff benützt.

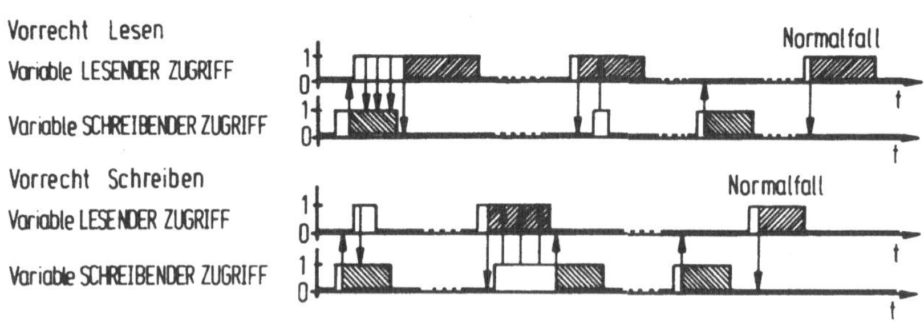

Erklärung: ... Fortwährendes Testen der Variable SCHREIBENDER ZUGRIFF
... Fortwährendes Testen der Variable LESENDER ZUGRIFF
bzw. ... Einzeltest der Variablen LESENDER bzw. SCHREIBENDER ZUGRIFF
... Tatsächliches Lesen von Daten ...Abbruch des Zugriffs
... Tatsächliches Schreiben von Daten

Bild 5.9: Zeitdiagramm der Variablen LESENDER ZUGRIFF und SCHREIBENDER ZUGRIFF

Verwendet zum Beispiel der schreibende Zugriffspartner im Falle eines gleichzeitigen Zugriffs das Prinzip "sofortiger Abbruch des eigenen Zugriffs" und der Lesende "Warten mit Abbruch nach Ablauf einer Wartezeit", so entsteht der im oberen Teil des Bildes 5.9 gezeigte Ablauf, wobei die Wartezeit so großzügig bemessen ist, daß sie nicht zum Tragen kommt. Im unteren Teil des Bildes erhält Schreiben das Vorrecht zu warten. Im Bild sind noch die Normalfälle gezeichnet, die ja in der überwiegenden Zahl aller Zugriffe ablaufen werden. Leider ist auch bei dieser Methode ein zufälliger Ausschluß des Zugriffs ohne Vorrecht nicht vermeidbar, wie das im Bild 5.10 dargestellt ist. Hier werden die Zugriffsvariablen verallgemeinert, um zu zeigen, daß es nur auf die Unterscheidung zweier Partner ankommt, wobei die Bedeutung der Partner aber für eine bestimmte Datenstruktur im Betrieb dann eindeutig sein muß.

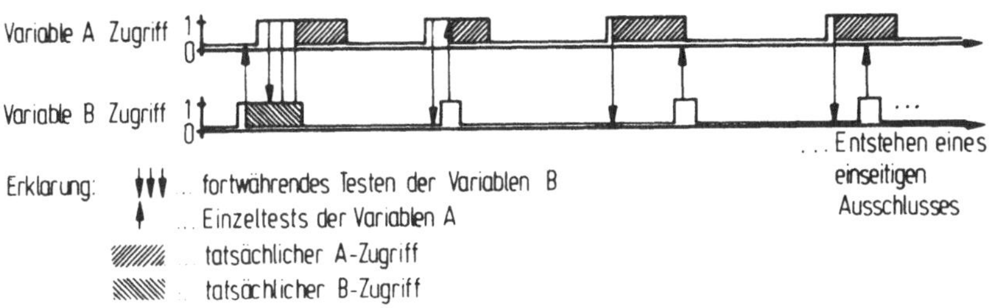

Bild 5.10: Zufälliger Ausschluß eines Zugriffs ohne Vorrecht

Alternierendes Vorrecht

Eine allgemeine Festlegung über den Zugriffspartner mit Vorrecht von vornherein zu treffen, ist schwierig. Daher ist es notwendig, dieses Vorrecht alternieren zu lassen /32/, nach einem lesenden Zugriff auf eine DS also, dem schreibenden Zugriff dieses Vorrecht einzuräumen. Um dieses wechselnde Vorrecht zu kennzeichnen, ist es notwendig, eine weitere Variable einzuführen. Im Bild 5.11 ist diese Variable VORRECHT SCHREIBEN genannt. VORRECHT SCHREIBEN wird wahr (logisch Eins), wenn ein lesender Zugriff beginnt und wird durch einen schreibenden Zugriff wieder zurückgesetzt (logisch Null), um dem lesenden Zugriff Vorrecht zu gewähren. Mehrfache Zugriffe nur von einer Seite ändern die Variable jedoch nur einmal, so daß zum Beispiel nach mehrfachem Lesen das Vorrecht für das Schreiben erhalten bleibt. Im Bild 5.11 wird dieses wechselnde Vorrecht wieder als Zeitdiagramm dargestellt, wobei die wechselnden Zugriffsverfahren sichtbar werden.

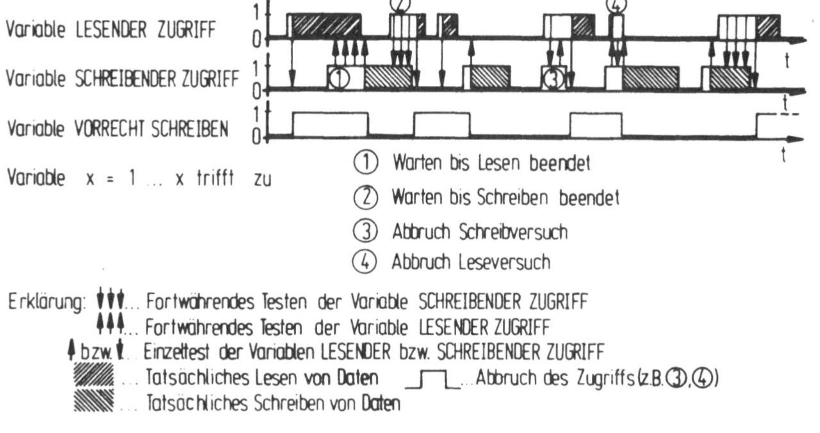

Bild 5.11: Zeitdiagramm der Variablen LESENDER ZUGRIFF; SCHREIBENDER ZUGRIFF und VORRECHT SCHREIBEN

Für den bevorrechtigten Zugriff wurde ein Warten mit einer Zeitüberwachung angenommen, die hier allerdings nicht zur Wirkung kam. Im Falle des wechselnden Vorrechts ist die Zeitüberwachung auch nicht nötig, es sei denn um überlange Zugriffe der nicht bevorrechtigten Seite erkennen zu können und daraus gegebenenfalls Maßnahmen einzuleiten. Die Zeitüberwachung sollte aber als allgemeines Prinzip beibehalten werden, da das Warten auf ein äußeres Ereignis immer verklemmungsverdächtig ist, und man sich damit gegen sonst unentdeckt bleibende deadlock-Effekte in der Hardware schützen kann.

Verschiedene Zustände bei wechselndem Vorrecht

Bei der Verwendung von zwei Variablen war es relativ leicht, Verklemmungszustände und totalen sowie einseitigen Zugriffsausschluß zu erkennen. Um sicher zu gehen, ist bei der Verwendung dreier Variablen eine Betrachtung der Zustände, in denen die DS angetroffen werden kann, und die entsprechenden Reaktionen beim Lesen und Schreiben angebracht (vgl. Bild 5.12).

Zustand der Datenstruktur FELD vor Setzen der Variablen			Reaktion beim Zugriff auf	
LESENDER ZUGRIFF	SCHREIBENDER ZUGRIFF	VORRECHT Schreiben	Leser	Schreiber
0	0	0	liest	schreibt
0	0	1	liest	schreibt
0	1	0	wartet	bricht ab [2]
0	1	1	bricht ab	bricht ab [2]
1	0	0	bricht ab [1]	bricht ab
1	0	1	bricht ab [1]	wartet
1	1	0	bricht ab [1]	bricht ab [2]
1	1	1	bricht ab [1]	bricht ab [2]

Anmerkungen: 1) Abbruch, da bereits anderer Leser zugreift
2) Abbruch, da bereits anderer Schreiber zugreift

Bild 5.12: Reaktion auf die Zustände der Datenstruktur FELD (mit wechselndem Vorrecht)

Durch drei binäre Variable, die jeweils den Wert Null oder Eins annehmen können, sind theoretisch acht verschiedene Zustände möglich. Um praktisch alle Zustände betrachten zu können, ist die Einbeziehung weiterer Zugriffspartner nötig, da bisher immer nur zwei Partner vorausgesetzt wurden. In einem, von den aktiven Teilnehmern aus gesehen extern liegenden Speicher wie zum Beispiel der NC-Programmspeicher (vgl. Bild 2.1 und Bild 2.4), der im allgemeinen im Adressbereich der passiven Teilnehmer liegt, sollen jedoch mehrere Leser und Schreiber zugelassen werden. In diesem Fall wäre zum Beispiel bei einem lesenden Zugriff zunächst zu prüfen, ob nicht bereits ein an-

derer lesender Zugriff erfolgt.
In Anbetracht des doch jetzt schon hohen Aufwands zur Verwaltung der DS FELD mit zwei Zugriffspartnern wird auf die Entwicklung eines Zugriffsalgorithmus für n Partner verzichtet, da der nötige Rechenzeitaufwand in keinem Verhältnis zum Nutzen steht. Stattdessen wird eine vereinfachte Zugriffsfunktion gemäß Abschnitt 5.4.1.1 vorgeschlagen:

FELD OEFFNEN ZUM LESEN NICHT KONSISTENT <FELDNAME>

Diese vereinfachte Funktion wird nur für das Lesen definiert, da FELD immer auch für konsistente Daten steht. Auf diese Weise kann man jeweils einen konsistenten Schreiber und einen konsistenten Leser neben beliebig vielen nichtkonsistenten Lesern befriedigen.
Mit diesen Untersuchungen sind nun die Grundlagen zur Festlegung der Feldstruktur geschaffen.

5.4.1.3 Festlegung der Datenstruktur FELD

Datenstrukturen sind neben der Definition von Zugriffsfunktionen für einen leichteren Umgang mit strukturierten Daten vor allem auch durch das statische Ablegen der Daten in einem Speicher und den dynamischen Zugriff auf diese Daten gekennzeichnet.

Statische Struktur

Die DS müssen sich zur allgemeinen Adressierbarkeit in einem Übergabespeicherbereich aktiver Teilnehmer oder im Adressbereich passiver Teilnehmer befinden. Sie sind nach formalen Gesichtspunkten in einen Datenstrukturkopf (DSK) und in einen Datenteil gegliedert, wobei die Anordnung der Daten zweitrangig ist. Der Inhalt von DSK ist jedoch wesentlich. Er enthält als variable Information die Zugriffsvariablen LESENDER ZUGRIFF, SCHREIBENDER ZUGRIFF und VORRECHT SCHREIBEN, die schon aus dem vorhergehenden Abschnitt bekannt sind. Der Datenteil besteht aus einem Feld mit wahlfreier Länge (vgl. Bild 5.13).

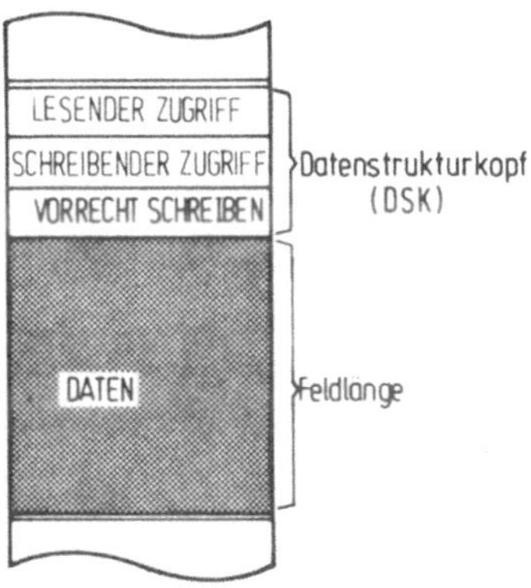

Bild 5.13: Datenstruktur FELD

Dynamische Struktur

Der dynamische Teil der DS ist durch den Zugriffsalgorithmus auf die statische Strukturierung der Daten in einem Speicher gekennzeichnet. Der Zugriffsalgorithmus gibt an, wie die Zugriffsfunktionen zu realisieren sind.

Die in Abschnitt 5.4.1.2 diskutierte und hergeleitete Lösung für den Zugriff auf die Feldstruktur soll nun in die Form eines Algorithmus gebracht werden.

Das in Bild 5.11 abgebildete Zeitdiagramm wird durch die in Bild 5.14 und Bild 5.15 skizzierten Algorithmen SCHREIBENDER und LESENDER ZUGRIFF, die sich sehr ähnlich sind, verwirklicht. Im Diagramm wird der Anspruch auf Schreiben durch Setzen der Variablen SCHREIBENDER ZUGRIFF erklärt und - falls kein Lesen

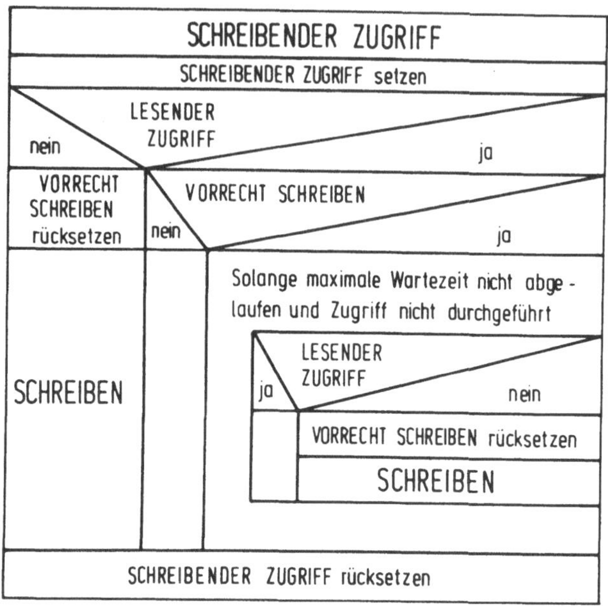

Bild 5.14: Schreibender Zugriff auf Feld mit wechselndem Vorrecht

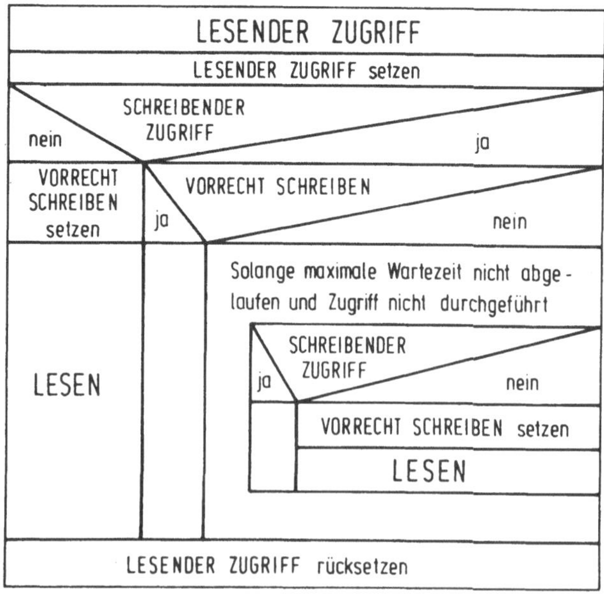

Bild 5.15: Lesender Zugriff auf Feld mit wechselndem Vorrecht

beansprucht wird - auch geschrieben. Wenn LESENDER ZUGRIFF gesetzt ist, ist gemäß dem gerade geltenden Vorrecht zu verfahren, das heißt, es erfolgt die Aufgabe des Versuchs oder bei gesetztem VORRECHT SCHREIBEN das Warten auf Beendigung des Lesens.
Immer wenn die Bedingungen für das Schreiben vorliegen, wird noch vor dem Schreiben dem Lesen ein Vorrecht eingeräumt, im Falle eines Zugriffsversuchs während des Schreibens also zum Warten aufgefordert. Erst danach erfolgt der Eintritt in den nicht näher spezifizierten Programmblock SCHREIBEN: Hier wird an das aufrufende Programm die Anfangsadresse der Felddaten übermittelt, so daß der Anwender dieser Zugriffsfunktion direkt im Datenfeld schreibt. Dies ist bezüglich der Verarbeitungsgeschwindigkeit die NC-gerechte Zugriffsweise, man muß jedoch die in Abschnitt 5.4.1.1 geforderte Programmierdisziplin voraussetzen. Ein baldiges Schließen der DS FELD nach dem Öffnen ist in diesem Falle notwendig. Ein über Assemblierer und Kompilierer /45/ nicht zu erlangender Syntaxcheck müßte dann durch ein einfaches Codeprüfprogramm, das nur die Verwendung der Zugriffsfunktionen überprüft, verifiziert werden /34/. Die Verwendung der Makrotechnik für das Öffnen, Zugreifen und Schließen der Feldstruktur stellt ebenfalls eine Lösungsmöglichkeit dar. Auf alle Fälle muß sichergesellt werden, daß eine geöffnete Feldstruktur nicht vergessen wird. Anhand der Zugriffsalgorithmen kann man sich nun leicht klar machen, daß die Verwendung von sogenannten test-and-set-Befehlen keine nennenswerte Verringerung der Zugriffszeit erlaubt. Weitere Untersuchungen ergaben, daß einfachere Algorithmen zwar möglich sind, die Einfachheit jedoch zu Lasten einer allgemeinen Verwendungsmöglichkeit und Zugriffssicherheit erkauft wird.

5.4.2 Datenstruktur für Verbrauchsdaten: FIFO

Den Datenaustausch zwischen parallelen Prozessen durch eine FIFO-Stuktur zu realisieren, ist nicht neu /47/. Daher werden auch zur Interkommunikation von mehrern Prozessoren FIFO vorgeschlagen. Insbesondere in numerischen Steuerungen kann nach diesem Prinzip zum Beispiel eine Folge von NC-Programminformationen gespeichert und verarbeitet werden /20/. Die DS FIFO ist sehr universell einsetzbar, da sie zum Datenaustausch zwischen verschieden schnell laufenden Funktionsblöcken geeignet ist und darüber hinaus einen steuernden Charakter hat. Wie bei der DS FELD sollen zunächst die, für den Entwickler von NC-spezifischer Funktionsblocksoftware interessanten, Zugriffsfunktionen eingeführt werden.

5.4.2.1 Zugriffsfunktionen für die Datenstruktur FIFO

Beim FIFO unterscheidet man ganz eindeutig zwischen einer Datenquelle und einer Datensenke. So ist es für die Datenquelle notwendig zu wissen, wo im FIFO sie ihren nächsten Datenblock ablegen kann. Für den Verbraucher der Daten ist der nach dem FIFO-Prinzip nächste Datenblock zur Weiterverarbeitung von Interesse. Da auch beim FIFO das Schreiben und Lesen dem Anwender der Zugriffsfunktionen überlassen bleibt, müssen Funktionen zur Gültigerklärung des eingetragenen Datenblocks und Freischalten verbrauchter Datenblöcke geboten werden. Zur optimalen Gestaltung der NC-Software ist es oft wichtig, Informationen über den momentanen Füllstand des FIFO zu erhalten. Der Funktionsaufruf soll nach dem einheitlichen Prinzip wie bei der DS FELD nach Funktionsnamen und dem Zeiger auf ein Parameterfeld gegliedert sein. Im folgenden ist ein Satz von Zugriffsfunktionen für die DS FIFO zusammengestellt:

- FIFO EINSCHREIBEN <FIFO NAME>
- FIFO AUSLESEN <FIFO NAME>
- GUELTIG <FIFO NAME>
- FREI <FIFO NAME>
- GET FUELLSTAND <FIFO NAME>

Dabei verbirgt sich hinter der Schreibweise FIFO NAME der Zeiger auf die zum Aufruf gehörende Parameterliste:

<FIFO NAME>::= BFNR, LFDNR, FEHLERWORT, RUECKINFORMATION

Die BFNR und die LFDNR dienen zur Identifizierung der DS. Im FEHLERWORT wird zum Beispiel beim Einschreiben zurückgemeldet, daß die adressierte DS FIFO voll ist. Die RUECKINFORMATION besteht bei FIFO EINSCHREIBEN und FIFO AUSLESEN aus der Basisadresse des gerade zum Lesen oder Schreiben bereitgestellten Blocks im FIFO und bei GET FUELLSTAND aus der Füllstandanzeige des FIFO. Bei den Funktionen GUELTIG und FREI wird dieser Parameter nicht verwendet. Die Darstellung des Aufbaus eines FIFO wird die universelle Verwendungsmöglichkeit dieser DS noch verdeutlichen.

5.4.2.2 Festlegung der Datenstruktur FIFO

Wie schon bei der DS FELD wird auch bei der DS FIFO zwischen der statischen Strukturierung der Daten im Speicher und dem dynamischen Zugriff auf diese Daten unterschieden.

Statische Struktur

FIFO, in dem hier verwendeten Sinne, bestehen aus einer Reihe von Blöcken jeweils definierter Länge, die nach dem First In-First Out Prinzip verarbeitet werden. Dabei wird wieder zwischen dem Datenstrukturkopf (DSK) und dem Datenteil unterschieden (vgl. Bild 5.16).
Von primärem Interesse sind Zeiger auf den nächsten freien Block zum Einschreiben (EINSCHREIBEZEIGER) und auf den nächsten gültigen Block zum Auslesen (AUSLESEZEIGER). Um Überschreiben von noch nicht verbrauchten Blöcken oder Mehrfachlesen von Blöcken zu vermeiden, bedarf es einer Zählvariablen (FUELLSTAND). Als oberer Grenzwert für den FUELLSTAND wird als konstante Information die FIFOLAENGE benötigt. Zur Aktualisierung der Zeiger ist außerdem die BLOCKLAENGE erforderlich. Alle Informationen werden in der Einheit byte angegeben.

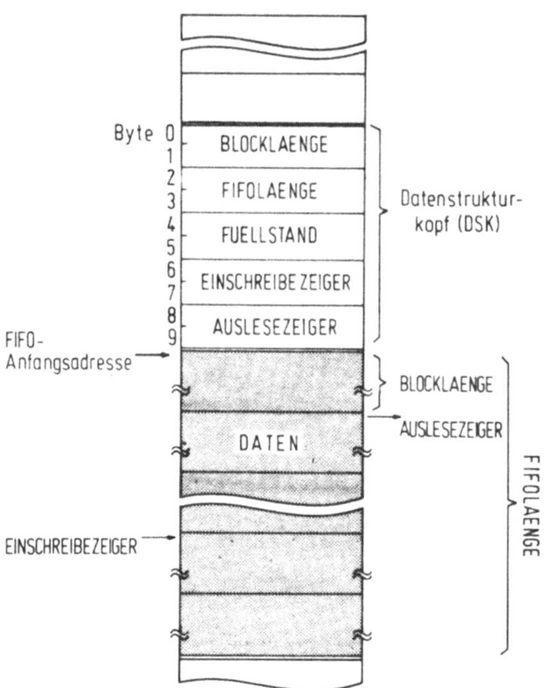

Bild 5.16: FIFO-Struktur

Dynamische Struktur

Der dynamische Teil der DS ist wieder durch den Zugriffsalgorithmus gekennzeichnet, der zur Realisierung der Zugriffsfunktionen nötig ist (vgl. Bild 5.17).
Für das Einschreiben wird zunächst geprüft, ob noch ein freier Block, der beschrieben werden kann, im FIFO vorhanden ist. Falls ja, ist es recht einfach, die Basisadresse für den nächsten freien Block zu ermitteln und an das aufrufende Programm zurückzuliefern. Nun erfolgt das Schreiben unter Kontrolle des

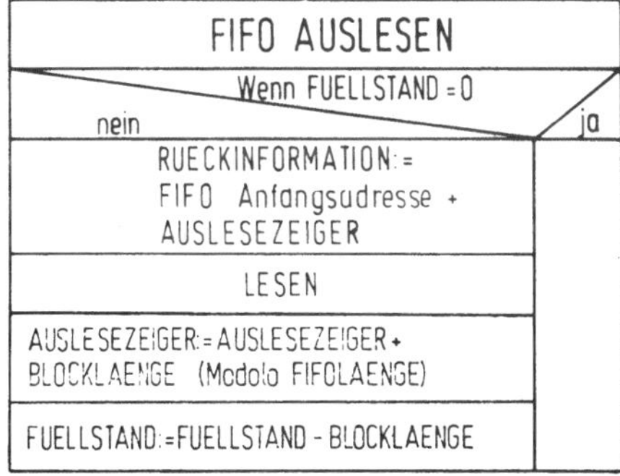

Bild 5.17: Datenstruktur FIFO (Schreib- und Lesezugriff)

aufrufenden Programms. Der Algorithmus wird abgeschlossen durch Gültigerklärung des eingeschriebenen Blocks mit der Zugriffsfunktion GUELTIG. Der EINSCHREIBEZEIGER und der FUELLSTAND werden aktualisiert.
Es ist anzumerken, daß die Erhöhung des EINSCHREIBEZEIGER (nach Regel 1) immer nur von einer Seite geschieht und die Erhöhung des FUELLSTAND (nach Regel 3) in einem unteilbaren read-modify-write Zyklus realisiert sein muß (vgl. Abschnitt 5.3). Weiterhin ist darauf hinzuweisen, daß paralleles Schreiben und Lesen in eine FIFO-Struktur jederzeit möglich ist, ein und derselbe Block dennoch erst dann ausgelesen werden kann, wenn er für gültig erklärt wurde. Das Auslesen findet ähnlich wie das Einschreiben statt. Als erstes wird hier ge-

prüft, ob überhaupt ein gültiger Block im FIFO steht. Nach dem Lesen unter Kontrolle des aufrufenden Programms wird der Algorithmus durch Freischalten des gerade gelesenen Speicherblocks mit der Zugriffsfunktion FREI durch Erhöhung des AUSLESEZEIGER und Erniedrigung des FUELLSTAND abgeschlossen. Die Zugriffsfunktion GET FUELLSTAND zur Erlangung der Anzahl von gültigen Blöcken im FIFO erfordert die Bildung des Quotienten aus FUELLSTAND und BLOCKLAENGE, da alle Zahlenangaben in der Einheit byte vorliegen.
Der Sonderfall FIFOLAENGE / BLOCKLAENGE = 2 stellt einen sogenannten Wechselpuffer dar, während FIFOLAENGE = BLOCKLAENGE einen einzelnen Block bildet.

5.4.3 Weitere Datenstrukturen

Die bisher nicht behandelten DS WORT, FILE, BLOCK und STRING sind in ähnlicher Weise wie die im vorhergehenden Abschnitt ausführlich abgehandelten DS aufgebaut. Mit FELD und FIFO lassen sich zwar die meisten Daten in numerischen Steuerungen strukturieren, es ist indessen oft praxisgerechter, wenn jeweils zugeschnittene DS verwendet werden. So erfordert die Darstellung von Einzelworten nicht den Aufwand, der für die DS FELD zu treiben ist; ein einzelner Block von Daten kann noch einfacher als in einer FIFO-Struktur verwaltet werden. Der Quittierungsmechanismus bei der DS BLOCK benötigt nur eine Verwaltungsvariable, die Gültigkennung, die nach dem Prinzip des löschenden Lesens (vgl. Bild 5.3) verwendet wird. NC-Programme und Werkzeugdaten können formal auch in DS FELD abgelegt werden, eine DS FILE, die nach dem Prinzip der geketteten Listen aus einer Reihe gleich langer Datensegmente besteht, ist darauf besser zugeschnitten /43, 47, 60/.
Ähnlich wie bei den beschriebenen, können auch für die verbleibenden DS benutzergerechte Zugriffsfunktionen definiert werden. Bild 5.18 gibt zusammenfassend eine Übersicht über NC-gerechte Zugriffsfunktionen der hier vorgeschlagenen DS. Prinzip bei diesen Zugriffsfunktionen ist die Rückmeldung einer Basisadresse an das aufrufende Programm, damit die Mani-

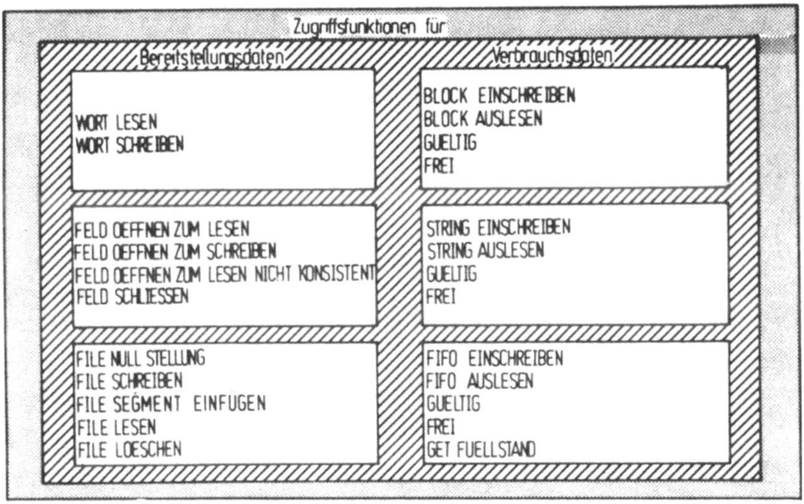

Zugriffsfunktionen für

Bereitstellungsdaten

WORT LESEN
WORT SCHREIBEN

FELD OEFFNEN ZUM LESEN
FELD OEFFNEN ZUM SCHREIBEN
FELD OEFFNEN ZUM LESEN NICHT KONSISTENT
FELD SCHLIESSEN

FILE NULL STELLUNG
FILE SCHREIBEN
FILE SEGMENT EINFUGEN
FILE LESEN
FILE LOESCHEN

Verbrauchsdaten

BLOCK EINSCHREIBEN
BLOCK AUSLESEN
GUELTIG
FREI

STRING EINSCHREIBEN
STRING AUSLESEN
GUELTIG
FREI

FIFO EINSCHREIBEN
FIFO AUSLESEN
GUELTIG
FREI
GET FUELLSTAND

Bild 5.18: Zugriffsfunktionen für die Datenstrukturen

pulationen der Nutzdaten direkt von dort, ohne Zwischenspeicherung vorgenommen werden können. Eine Ausnahme bilden die Zugriffsfunktionen auf DS WORT, welche statt der Angabe einer Basisadresse die Nutzinformation direkt schreiben oder zurückliefern.

5.5 Bildungsfunktionen zur Erzeugung von Datenstrukturen

Bei der Entwicklung eines Funktionsblocks werden zunächst die BF, mit den zugehörigen Eingabe- und Ausgabedaten in entsprechenden DS, definiert. Mit Hilfe der vorgestellten DS wird dieser Entwicklungsschritt erleichtert. Beim Programmieren der Funktionsblöcke müssen nun auch die Vereinbarungen über die verwendeten Daten in Form von Anweisungen für den Assemblierer oder Kompilierer geschrieben werden. Dies ist eine sehr fehleranfällige Arbeit und widerspricht der Forderung nach weitgehendem Ausschluß von Irrtümern an den Schnitt-

stellen. Daher ist es praxisgerecht, dem Programmierer eines Funktionsblocks Funktionen zur rechnerunterstützten Bildung von DS (und Listen über DS) zur Verfügung zu stellen. Es muß betont werden, daß diese Bildungsfunktionen nicht on-line im zu steuernden Prozeß ablaufen, sondern off-line in der Übersetzungsphase des erstellten Programms.
Solche Bildungsfunktionen können ökonomisch jedoch nur dann leicht entwickelt werden, wenn das verwendete System zur Programmerstellung über die Möglichkeiten der Verarbeitung von Makros verfügt /39/. Der Aufruf einer solchen Funktion in einer allgemeinen, rechnerunabhängigen Schreibweise ist folgendermaßen zu definieren:

BILDE DS <DS NAME>

Hier verbirgt sich hinter DS NAME wieder die zugehörige Parameterliste. Die Parameterliste ist nun DS-spezifisch und sieht für DS FIFO wie folgt aus:

<DS NAME>::= BFNR, LFDNR, FIFO, BLOCKLAENGE, FIFOLAENGE

Die BFNR gibt die Nummer der zugeordneten BF an, während LFDNR die laufende Nummer der DS in dieser BF kennzeichnet.Beide Angaben dienen zum Anlegen eines Verzeichnisses (DS-Verzeichnis) über die DS, damit den Zugriffsfunktionen der Zugang zu den DS später möglich ist. Eine weitere Spezifikation der Bildungsfunktionen soll hier nicht erfolgen, da sie zu sehr mit den Eigenschaften des verwendeten Programmentwicklungssystems verknüpft sind.

5.6 Konfiguration des Datenflusses

Bisher wurden eine Reihe von Strukturierungsmöglichkeiten für Daten in numerischen Steuerungen hergeleitet. Die Verwendung der entwickelten DS und die in Abschnitt 5.2.2 geforderte Konfigurierbarkeit des Datenflusses in einem Mehrprozessor-Steuersystem wird in den folgenden Abschnitten behandelt.

5.6.1 Darstellung der Daten in Datenstrukturen (ein Beispiel)

In Bild 5.19 ist eine Eingabe- und Ausgabedatenschnittstelle beispielhaft für einen vereinfachten Funktionsblock zur Geometriedatenverarbeitung (GEO) dargestellt.

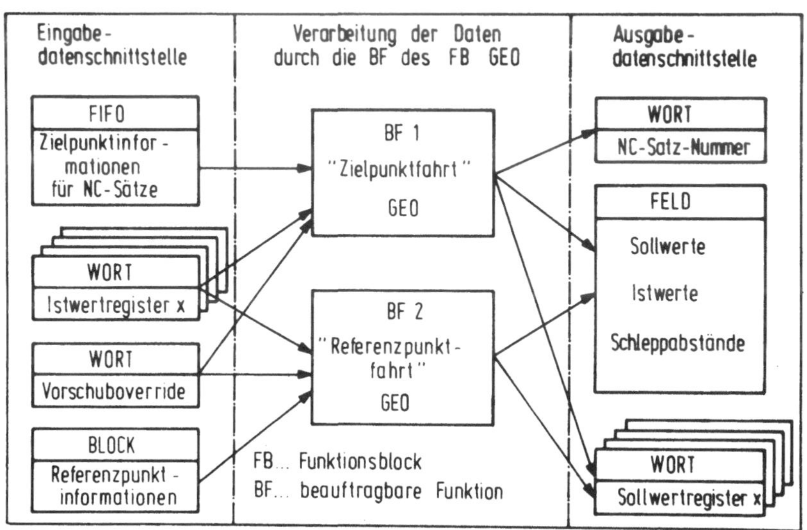

Bild 5.19: Beispielhafte Ein-/Ausgabeschnittstellen eines MPST Funktionsblocks zur Geometriedatenverarbeitung (GEO)

Der Funktionsblock besteht aus einer BF1 "Zielpunktfahrt" und aus einer BF2 "Referenzpunktfahrt". An der Eingabedatenschnittstelle werden der BF1 die Folge von Zielpunktinformationen für decodierte NC-Sätze in einer DS FIFO dargeboten. Der von dieser BF zusätzlich verarbeitete Vorschuboverride wird in einer DS WORT angeliefert. Aus diesen Eingabedaten werden von der BF1 Anzeigewerte in der DS FELD, die Nummer des aktuellen NC-Satzes in der DS WORT bereitgestellt und schließlich Geschwindigkeits-Sollwerte in die DS WORT für die Ausgaberegister geschrieben. Die zur Lageregelung erforderlichen Istwerte der Achsen sind wiederum auf der Eingabeseite zur Verfügung zu stellen.

Die BF2 für die "Referenzpunktfahrt" benötigt Referenzpunktinformationen, die zu synchronisieren sind, weshalb dafür die DS BLOCK gewählt wurde. Auch diese BF verarbeitet den Vorschuboverride und damit dieselbe DS wie BF1. Eine solche Doppelverwendung der DS erfolgt auch bei der Ausgabedatenschnittstelle, da auch die "Referenzpunktfahrt" Anzeigewerte und Geschwindigkeits-Sollwerte erzeugt. Die Doppelverwendung ist immer dann ohne Einschränkungen möglich, wenn die beteiligten BF sich gegenseitig ausschließen, wie dies bei der "Zielpunktfahrt" und der "Referenzpunktfahrt" der Fall ist. Eine doppelte Darstellung der entsprechenden DS wäre unnötig und nicht praxisgerecht.
Das Konzept der DS liefert vorgefertigte Lösungen in bezug auf die Schnittstellengestaltung eines Funktionsblocks und ist damit ein Entwurfshilfsmittel. Darüber hinaus läßt sich ein Funktionsblock mittels DS leichter dokumentieren. Ein Funktionsblock ist auf diese Weise jedoch nur als Einzelelement beschrieben und noch nicht in den Datenfluß eines Mehrprozessor-Steuersystems eingebunden.

5.6.2 Der Datenaustausch zwischen Funktionsblöcken

Kombiniert man nun Funktionsblöcke, um eine spezifische numerische Steuerung zu konfigurieren, so werden von einem Funktionsblock Ausgabedaten in entsprechenden DS dargestellt und Eingabedaten in entsprechenden DS auf dem Funktionsblock erwartet. Der Datentransport muß dann von einem Vermittler durchgeführt werden. In einem Mehrprozessor-Steuersystem übernimmt diese Vermittlerrolle das Zentralsteuerwerk (vgl. Bild 5.20 oben).
Falls der Datenaustausch von einem der beteiligten Partner (Datenquelle oder -senke) bewerkstelligt wird, so handelt es sich entweder um ein Lesen (vgl. Bild 5.20 Mitte) oder um ein Schreiben (Bild 5.20 unten).
In allen drei Fällen jedoch werden die Daten real in Ausgabe- beziehungsweise Eingabe-DS geführt und ein spezielles Programm

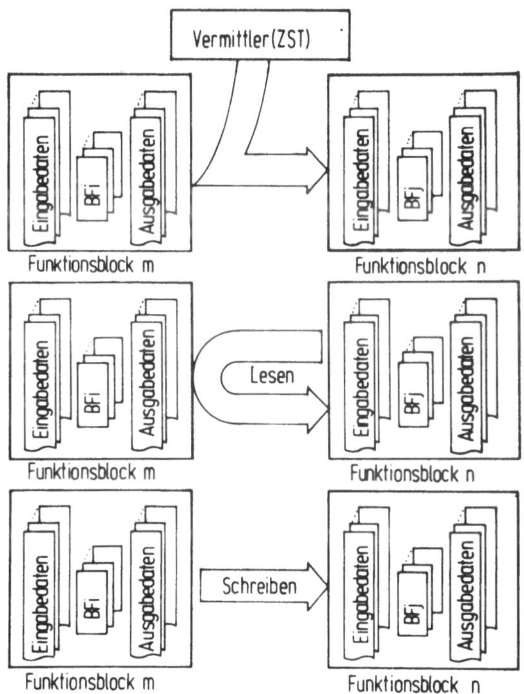

Bild 5.20: Datenaustausch durch Vermittler, Lesen und Schreiben

übernimmt den Transport zwischen den Datenstrukturen. Der Datenaustausch erfolgt also in folgenden drei Schritten:

- Bereitstellten der Ausgabedaten in einer entsprechenden DS;
- Übertragen der Ausgabedaten von einer DS zur anderen;
- Weiterverarbeiten der Eingabedaten.

Dieses dreischrittige Verfahren hat vor allem den Nachteil langer Übertragungszeiten wegen des notwendigen Zwischenspeichers. Dieser Nachteil soll durch das Prinzip der virtuellen Schnittstelle vermieden werden.

5.6.2.1 Die reale und die virtuelle Datenschnittstelle

Bei der Entwicklung eines Funktionsblocks und beim anschließenden Test ist es vorteilhaft, wenn die vom Entwickler des Funktionsblocks definierten Datenschnittstellen auch real auf dem Übergabespeicherbereich des betrachteten Teilnehmers vorhanden sind. In diesem ersten Schritt findet noch kein Datenaustausch zwischen den DS der verschiedenen Funktionsblöcken statt. Im Bild 5.21 oben sind zwei Funktionsblöcke angedeutet, bei denen die Eingabedatenschnittstelle links und die Ausgabedatenschnittstelle jeweils rechts gezeichnet ist. Die strichpunktierte Linie zwischen den Funktionsblöcken wird noch von keinem Transfer übertreten.

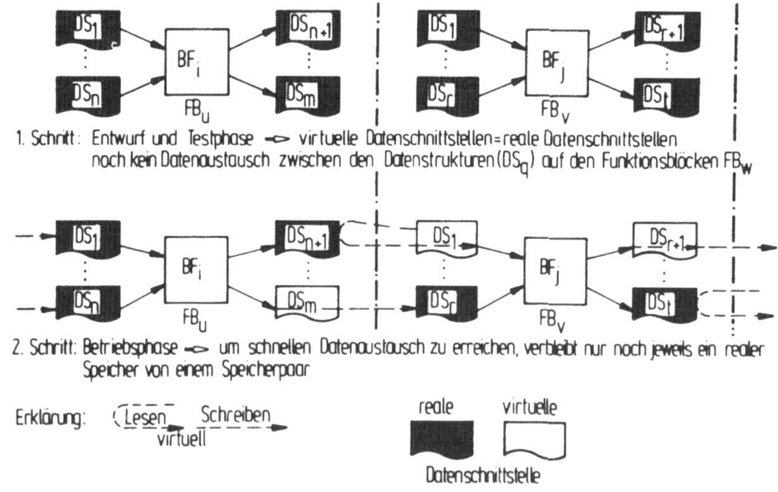

Bild 5.21: Reale und virtuelle Datenschnittstellen

Erst in einem zweiten Schritt, in der Betriebsphase, ist ein Datentransfer zwischen den Datenstrukturen notwendig. Hierbei muß dann eine Ausgabestruktur einer Quelle im allgemeinen einer Eingabestruktur einer Senke entsprechen. Real muß die Datenstruktur jedoch nicht paarweise auftreten; es reicht, wenn von zwei Kommunikationspartnern jeweils einer eine reale Datenschnittstelle und der andere eine virtuelle Schnittstelle besitzt. Die virtuelle Schnittstelle dient dann dem betreffenden Funktionsblock gewissermaßen als Fenster in die reale Datenschnittstelle. Im Bild 5.21 unten ist ein Datenfluß eingezeichnet, der über virtuelle Schnittstellen erfolgt. Wenn nun die Ausgabedatenstruktur DS_{n+1} von BF_i wie eingezeichnet, real vorhanden ist, während die Eingabedatenstruktur DS_1 von BF_j nur virtuell existiert, muß BF_j durch das Fenster der virtuellen DS_1 hindurch lesen. In einem zweiten Beispiel (mit DS_m von BF_i und DS_r von BF_j) wird durch eine virtuelle DS hindurch geschrieben. Die Realisierung dieses Datenflusses wird in einem weiteren Abschnitt untersucht.

5.6.2.2 Realisierung der virtuellen Datenschnittstelle durch das Datenstrukturverzeichnis

Um DS zu bilden, kann man sich der Bildungsfunktionen bedienen (vgl. Abschnitt 5.5) und mit den Zugriffsfunktionen in der DS schreiben oder lesen. Zum Aufruf einer Zugriffsfunktion gehörte immer auch ein Parameterfeld, das als erstes die Nummer der zugehörigen BF (BFNR) und als nächste Information die laufende Nummer (LFDNR) der zu adressierenden DS enthält (vgl. Abschnitt 5.4.1.1). Es entspricht nun bewährter Programmierpraxis, diese Informationen in einem Verzeichnis der DS zusammenzufassen. Über dieses Datenstrukturverzeichnis (DSV), läßt sich auf die gewünschte DS zugreifen (vgl. Bild 5.22). Wenn das DSV im RAM Bereich eines aktiven Teilnehmers liegt, so ist es zwar flexibel änderbar, muß aber wegen der Flüchtigkeit des RAM-Speicherprinzips bei der Initialisierung des aktiven Teilnehmers geladen werden. Legt man das DSV zudem noch in den Übergabespeicherbereich eines aktiven Teilnehmers, so kann es auch von "außen", von der Ablaufsteuerung eines Mehrprozessor-Steuersystems, beschrieben werden, wodurch der Datenfluß auf einfache Weise zu konfigurieren ist. Dazu ist ein Datenzeiger zum Auffinden des DSV erforderlich. Seine Darstellung im Steuerblock der zugehörigen BF löst dieses Problem (vgl. Bild 5.22).

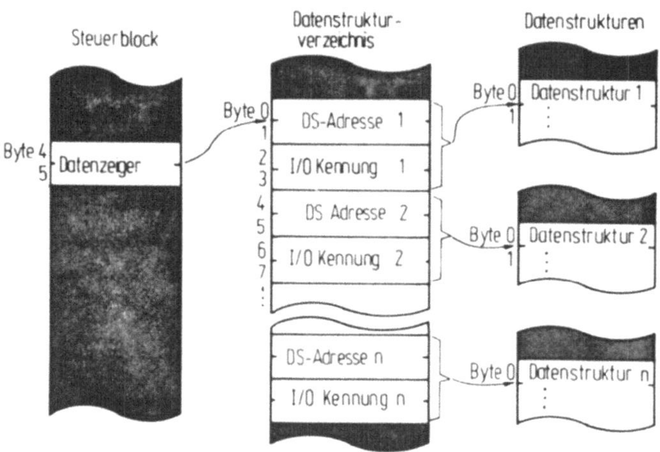

Bild 5.22: Datenstrukturverzeichnis

In diesem Datenzeiger steht die Adresse des zugehörigen DSV. Das DSV enthält eine Reihe von DS-Adressen und zugehöriger I/O-Kennungen. Die DS-Adresse weist gemäß Bild 3.4 auf einen Übergabespeicherbereich aktiver Teilnehmer oder bei entsprechend gesetzter I/O-Kennung auf den Adressbereich der passiven Teilnehmer. Somit lassen sich auch in passiven Teilnehmern insbesondere im Speicherbereich (zum Beispiel NC-Datenspeicher) Datenschnittstellen anlegen. In Bild 5.23 werden zur Demonstration des DSV zwei BF auf zwei verschiedenen Funktionsblöcken betrachtet. Jede BF habe vier DS als Schnittstellen. Durch die Einträge in die entsprechenden DSV hat die Ablaufsteuerung den gestrichelten Datenfluß erzeugt, der einen Ausschnitt aus einem Gesamtsystem darstellt.

Gemäß der in Bild 3.4 beschriebenen Adressierung wird der jeweilige Funktionsblock durch die physikalische Adresse des zugehörigen aktiven Teilnehmers adressiert. Ist im DSV die I/O-Kennung gleich Null, also ein aktiver Teilnehmer adressiert, so bezeichnet der Buchstabe den adressierten Funktionsblock. Die virtuelle DS_3 des Funktionsblocks u (FB_u), links

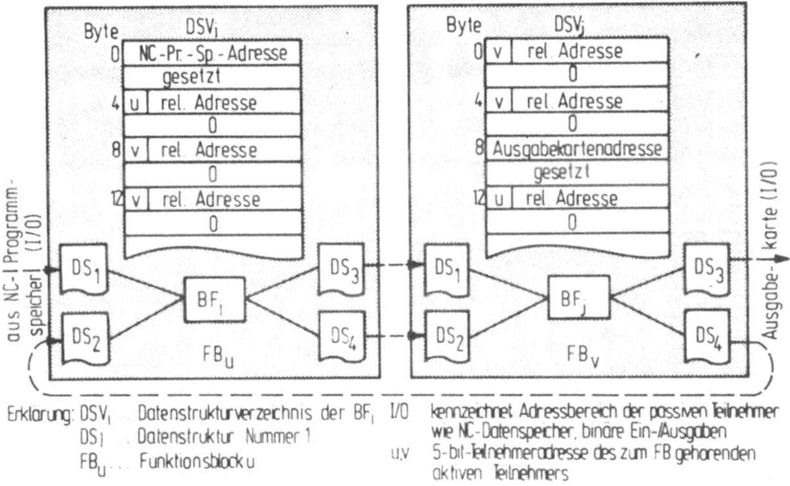

Bild 5.23: Beispiel für die Funktion des Datenstrukturverzeichnisses

im Bild, liegt somit real auf dem Funktionsblock v (FB_v). Im Bild 5.23 sind auch zwei DS im Adressbereich der passiven Teilnehmer angelegt; DS_1 von BF_i ist virtuell und liegt real im NC-Datenspeicher.
Im vorliegenden Beispiel wurde für jede BF ein DSV angelegt. Insbesondere in Fällen von Doppelverwendungen von DS für mehrere BF kann es aus Gründen der Speicherökonomie angebracht sein, nur ein DSV anzulegen.

5.6.3 Darstellung des Gesamtdatenflusses in einem konfigurierten Mehrprozessor-Steuersystem

Für die Erstellung der Ablaufsteuerung ist es notwendig, eine übersichtliche Darstellung des Gesamtablaufs des Datenflusses zu erhalten. Im Bild 5.24 ist ein Beispiel skizziert.
Hier sind die Verbindungen aller Ausgänge mit eventuellen Eingängen in einer Datenflußmatrix zusammengefaßt. Dabei bedeu-

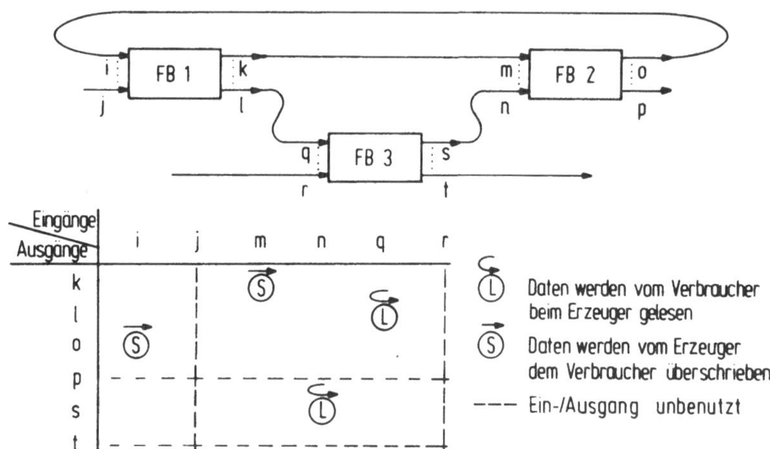

Bild 5.24: Darstellung des Gesamtdatenflusses in einem Mehrprozessor-Steuersystem

tet L, daß die Ausgänge von den Datenverbrauchern gelesen werden, und S, daß die Daten an den Verbraucher geschrieben werden. S bedeutet aber auch, daß die zugehörigen Ausgänge nur virtuell existieren (zum Beispiel Ausgang o).
Durch die Datenflußmatrix läßt sich leicht feststellen, ob einem Funktionsblock Eingangsdaten fehlen oder erzeugte Daten nicht weiterverarbeitet werden. Im Falle der rechnerunterstützten Generierung der Ablaufsteuerung kann eine solche Überprüfung automatisch durch das Generiersystem erfolgen.

Funktionen zur Datenflußsteuerung

Für die Steuerung von BF und für den Zugriff auf DS wurden jeweils Funktionen definiert, die es einem Entwickler von NC-spezifischer Funktionsblocksoftware beziehungsweise einer Ablaufsteuerung erlauben, die Schnittstellen unabhängig von bitweisen Festlegungen auf einer benutzerfreundlichen Ebene anzuwenden. Die Definition einer solchen funktionalen Schnittstelle auch für die Steuerung des Datenflusses dient der leichten Handhabbarkeit des Systems. Ähnlich wie das schon bei der Definition der anderen Funktionen erfolgte, wird auch hier zwischen Funktionsaufruf und Parameterliste unterschieden. In diesem Fall sind jedoch zwei Parameterlisten und ein Operator nötig.

VERBINDE <DSNAME1> L/S <DSNAME2>

$\langle DSNAME_i \rangle ::= FBNR_i, BFNR_i, LFDNR_i$

Hinter dem Namen der Datenstruktur (DSNAME) verbirgt sich also die Funktionsblocknummer, die BF-Nummer und die laufende Nummer der DS in der BF zur eindeutigen Identifizierung der DS. Im oben genannten Funktionsaufruf ist noch ein Leseoperator L beziehungsweise der Schreiboperator S wahlweise enthalten, wobei zum Beispiel der Aufruf

VERBINDE NCVAOUT S GEOIN

zur Folge hat, daß die Quellendatenstruktur NCVAOUT in die Senkendatenstruktur GEOIN geschrieben wird. NCVAOUT ist also virtuell und GEOIN real, durch entsprechenden Aufbau des DSV, anzulegen. Damit ist der Entwickler beim Schreiben einer Ablaufsteuerung von Manipulationen in den DSV selbst entlastet.

5.6.4 Zeitpunkt der Konfiguration des Datenflusses

Die Konfiguration des Datenflusses wurde reduziert auf ein zweckmäßiges Besetzen des DSV. Dies kann jedoch zu unterschiedlichen Zeitpunkten erfolgen:

- bei der Fertigstellung eines Funktionsblocks durch den Hersteller;
- bei der Initialisierung des Mehrprozessor-Steuersystems;
- bei der BF-Beauftragung in der gerade erforderlichen Weise.

Diese verschiedenen Möglichkeiten sollen im folgenden gegenübergestellt werden, wobei die Realisierung des DSV im Übergabespeicherbereich vorausgesetzt wird.

Konfiguration bei Fertigstellung eines Funktionsblocks

Am einfachsten anwendbar sind solche Funktionsblöcke, die bei ihrer eigenen Initialisierung die DSV selbst vorbesetzen und somit Datenschnittstellen anbieten, die zum Beispiel alle real im Speicherbereich des Funktionsblocks liegen. Falls ein Funktionsblock für die Verwendung in einer bereits bekannten Steuerungskonfiguration mit einem bekannten Datenfluß vorgesehen ist, so können die DSV ebenfalls vorbesetzt werden, eine Rekonfiguration durch die Ablaufsteuerung entfällt.

Konfiguration bei Initialisierung der Gesamtsteuerung

Ob die DSV nun vorbesetzt sind oder nicht, bei der Initialisierung der Gesamtsteuerung kann der Datenfluß in einer von der Ablaufsteuerung gewünschten Weise festgelegt werden. Der Entwickler der Ablaufsteuerung wird sich hierzu der Funktionen zur Datenflußsteuerung bedienen.

Konfiguration bei BF-Beauftragung

Schließlich erlaubt die vorgeschlagene Lösung zur Datenflußsteuerung, den Datenfluß unmittelbar vor der BF-Beauftragung der gewünschten Betriebsweise der NC anzupassen. Dies stellt die flexibelste Nutzung der DSV dar. Beispielsweise ist so der durch seine Datenschnittstellen in Abschnitt 5.6.1 beschriebene Funktionsblock GEO wechselweise für mehr als vier Achsen zu verwenden. Eine Veränderung der DSV nach dem Starten einer am Datenfluß beteiligten BF muß in jedem Falle vermieden werden, um Systemfehler auszuschließen.

5.7 Definition der Datenformate

Wegen der vereinfachten Dokumentierbarkeit und zur Reduzierung der erforderlichen Formatumwandlungen wird eine Beschränkung der verwendeten Datenformate vorgeschlagen /64/. In Bild 5.25 sind die gewählten Formate zusammengefaßt.

Formatbezeichnung	Kurzbezeichnung	Länge in Byte
Bitleiste	BIT	2
ASCII	ASC	1
Binär	BIN	2
Word Integer	WOI	2
Short Integer	SHI	4
Long Integer	LOI	8
Short Real	SHR	4
Long Real	LGR	8
4 Digit BCD	BC4	2
8 Digit BCD	BC8	4

Bild 5.25: Zusammenstellung der vorgeschlagenen Datenformate

Sie reichen aus, um einzelne Bits in Bitleisten darzustellen bis hin zur Darstellung von Fließkommazahlen (Real) mit 8 byte und einem Wertebereich von $-2^{1023} \leq Z \leq 2^{1023}$ und berücksichtigen moderne Bausteine für Fließkommaberechnungen sowie die Standardisierungsbestrebungen für entsprechende Datenformate /54, 61/.

5.8 Bewertung der Schnittstellen für den Datenfluß

Auf der Grundlage von Daten in numerischen Steuerungen wurden eine Reihe von Kriterien zur Strukturierung dieser Daten erarbeitet sowie ein Satz von NC-gerechten Datenstrukturen und -formaten hergeleitet und definiert.
Die wichtigsten Voraussetzungen für ihren Einsatz in der Fertigungstechnik, die einfache Handhabbarkeit und ein verklemmungsfreier Datenaustausch, werden erfüllt. Dabei erlaubt das Prinzip der virtuellen Schnittstelle eine bequeme Erstel-

lung der Funktionsblöcke einerseits und eine optimale Gestaltung des Datentransfers zwischen den Datenschnittstellen einer zu konfigurierenden numerischen Steuerung andererseits. Der für die virtuelle Datenschnittstelle aufzuwendende Zusatzaufwand erstreckt sich lediglich auf das Beschreiben des DSV, welches in einzelnen angeführten Fällen auch unterbleiben kann, und bei Verwendung der Zugriffsfunktionen auf eine zusätzliche indirekte Adressierung.

Zusammen mit den Schnittstellen für den Steuerfluß sind die hier behandelten Schnittstellen für den Datenfluß in der Lage, die in Abschnitt 3.3 genannten Vorteile einer standardisierten Softwareschnittstelle zu bieten und den in Abschnitt 5.2 genannten spezifischen Kriterien gerecht zu werden. Verglichen mit allgemeinen Lösungen zum Informationsaustausch in Mehrrechnersystemen wird dieses NC-spezifische Schnittstellenkonzept den Echtzeitanforderungen in numerischen Steuerungen besser gerecht.

Insgesamt stellen die Ausführungen den Versuch dar, in Ergänzung zu mehrprozessorfähigen Bussen als Hardwareschnittstelle, erstmals auch eine Softwareschnittstelle unter dem Aspekt der einfachen Anwendung in der NC-Technik als Standardschnittstelle vorzuschlagen.

6 Datenschnittstellen innerhalb eines Funktionsblocks

Eines der in Abschnitt 3 genannten Hauptziele des Mehrprozessor-Steuersystems ist die Benutzerfreundlichkeit auf allen Anwendungsebenen mit den daraus resultierenden Forderungen nach einfach durchschaubaren Schnittstellen, auch in der NC-spezifischen Funktionssoftware und eine einheitliche Dokumentation der Funktionsblöcke. Dazu ist es hilfreich, die definierten DS auch als interne Datenschnittstellen zu verwenden. Im Sinne eines Entwürfsebenen-Modells /51/ gelangt man aus einer groben Darstellung eines Funktionsblocks wie in Bild 5.19 in einem ersten Verfeinerungsschritt zu einer Darstellung der Einzelfunktionen mit den internen Datenschnittstellen. Wie im Bild 6.1 angedeutet, werden die Einzelfunktionen von einem speziellen Steuerprogramm für die jeweilige BF verwaltet.

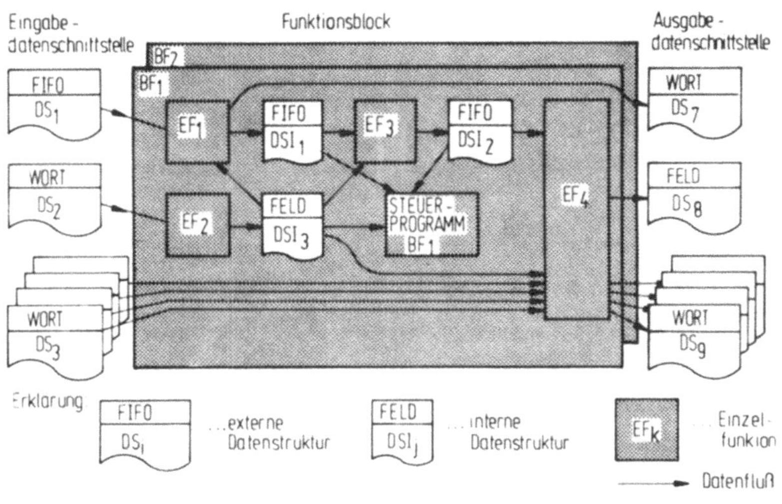

Bild 6.1: Beispiel für Datenstrukturen innerhalb von Funktionsblöcken

Sowohl das Steuerprogramm als auch die Einzelfunktionen werden auf einem aktiven Teilnehmer, mittels eines Mikrocomputerbetriebssystem (vgl. Abschnitt 3.3.2) vorteilhaft als parallel arbeitende Tasks betrieben /29, 50/.

6.1 Interne Zugriffsfunktionen

Analog zu den definierten Zugriffsfunktionen für die DS an den Eingabe- und Ausgabedatenschnittstellen, wurden interne Zugriffsfunktionen definiert. Eine virtuelle Schnittstelle ist intern nicht nötig, da der interne Zusammenhang der Datenschnittstellen bei der Betrachtung nur eines Mikrocomputers durch einen Binderlauf, der die getrennt übersetzten Programmteile zusammenbindet, gegeben ist. Hierdurch zeigt sich auch die Binderfunktion der in Abschnitt 5.6.3 definierten Funktion zur Datenflußsteuerung (VERBINDE). Wegen der einfacheren Zusammenbindung von Datenschnittstellen in einem einzelnen Rechner gestaltet sich auch die Zugriffsfunktion einfacher. Programmteile zur Ermittlung der DS-Adresse entfallen. Daher ist es notwendig, einen eigenen Satz von Zugriffsfunktionen zu definieren, wobei Programmteile der externen Zugriffsfunktionen gegebenenfalls benützt werden.

6.2 Interne Bildungsfunktionen

Ähnlich wie in Abschnitt 5.5 für DS als Schnittstelle zwischen Funktionsblöcken können auch für interne DS (DSI) Bildungsfunktionen definiert werden, die den Entwickler eines Funktionsblocks von fehleranfälligen Routinearbeiten befreien. Der Aufruf einer solchen Funktion in einer allgemeinen, rechnerunabhängigen Schreibweise sieht zum Beispiel für eine DS FIFO wie folgt aus:

```
        BILDE DSI <DSI NAME>
      <DSI NAME>::= FIFO, BLOCKLAENGE, FIFOLAENGE
```

Hier stellt wieder der Name der DSI einen Verweis auf die

Parameterlisten dar, die hier lediglich aus Blocklänge und FIFO-Länge (jeweils in der Einheit byte) besteht.

6.3 Bewertung von standardisierten Datenschnittstellen innerhalb eines Funktionsblocks

Die Definition und Anwendung standardisierter Datenschnittstellen innerhalb eines Funktionsblocks ist vorteilhaft für den Entwickler eines Funktionsblocks, weil sich ihm ein einheitliches Schnittstellenkonzept darbietet und somit die Irrtumswahrscheinlichkeit reduziert wird. Auch für die Dokumentation der erstellten Funktionsblöcke ergibt sich so eine Einheitlichkeit für die externen und internen Datenschnittstellen. Darüber hinaus bieten die entwickelten DS die Mittel zur Synchronisation, wie sie auch zwischen Tasks vorteilhaft verwendet werden können.
Für die rechnerunterstützte Entwicklung von Funktionsblocksoftware sind standardisierte interne Datenschnittstellen eine wichtige Voraussetzung. Verschiedene vorgefertigte Einzelfunktionen oder noch kleinere Programmteile lassen sich nur mit Standardschnittstellen durch ein Softwaregeneriersystem /3, 24, 50/ mit realisierbarem Aufwand beschreiben und zum Generieren von Funktionsblocksoftware verwenden.

7 Softwareschnittstellen eines Funktionsblocks zur Geometriedatenverarbeitung (GEO)

In den vorhergehenden Abschnitten wurde häufig die Geometriedatenverabeitung als Beispiel herangezogen. Daher wird aus einem realisierten Prototypensystem (vgl. /19/) der Funktionsblock GEO als Beispiel herausgegriffen, zumal er im Rahmen dieser Arbeit auf der Basis zweier verschiedener Mikroprozessoren, dem TI 9900 von Texas Instruments und dem Mikroprozessor 8086 von Intel, für den Einsatz in Standard- und Sondersteuerungen realisiert wurde.
Der Funktionsblock besteht gerätemäßig aus einem aktiven Teilnehmer mit einem 16-bit-Mikroprozessor und aus zwei passiven Teilnehmern, den sogenannten Achsenkarten, zur Ansteuerung von vier numerischen Achsen (vgl. dazu Bild 2.3). Die Schnittstelle zu den Antriebsverstärkern wird durch je ein Register für den Geschwindigkeits-Sollwert gebildet, die Schnittstelle zu den Meßsystemen durch je ein Register mit dem inkrementalen Lage-Istwert. Alle Register werden über Adressen aus dem Adressbereich passiver Teilnehmer (I/O-Bereich /12/) angesprochen.
Bei den folgenden Ausführungen wird deutlich, wie die Schnittstellendokumentation durch Bezugnahme auf den vorgeschlagenen Standard reduziert wird.

7.1 Kenndaten des Funktionsblocks und beauftragbare Funktionen

Ein möglichst breit für unterschiedliche Aufgaben einsatzfähiger Funktionsblock muß vielfältige Eigenschaften besitzen. Untersuchungen haben gezeigt, daß folgende Kenndaten den Anforderungen an die Geometriedatenverarbeitung gerecht werden (vgl. /20/):
- vier geregelte numerische Achsen (Lageregeltakt T_L = 5 ms);
- Linearinterpolation in drei aus vier Achsen, vierte Achse als mitgeschleppte Achse;
- Zirkularinterpolation in zwei aus drei Achsen; mit dritter Achse als Zustellachse ist Wendelinterpolation möglich;

- Eingabefeinheit $w_e = 1\ \mu m$;
- Ausgabefeinheit $w_a = 1\ \mu m$;
- maximale Bahngeschwindigkeit $v_{Bmax} = 12 m/min$;
- minimale Bahngeschwindigkeit $v_{Bmin} = 1\ mm/min$;
- Bereich des Vorschuboverride $P = (0 \ldots 133)\%$, in Stufen von $p = 0{,}5\ \%$;
- geführtes Anfahren und Bremsen mit einstellbarer Beschleunigung (vgl. /52/);
- maximale Verfahrstrecke pro NC-Satz $S_{max} = 16\ m$;
- maximaler Kreisradius $R_{max} = 120\ m$.

Die obigen Angaben beziehen sich auf eine Meßsystemauflösung von $w = 1\ \mu m$. Bei Abweichungen von dieser Basis ändern sich die Kennwerte entsprechend. Einstellbare Werte, wie die Anfahr- und Bremsbeschleunigung, sind anwendungsabhängig, werden bei der Konfiguration der Gesamtsteuerung festgelgt und dem Funktionsblock in der Initialisierungsphase als Maschinendatensatz nach dem Einschalten des Systems in einer DS übergeben. Diese DS tritt bei folgender vereinfachter Schnittstellenbeschreibung jedoch nicht auf. Der Funktionsblock realisiert zwei BF:

BF1: Zielpunktfahrt
BF2: Referenzpunktfahrt

Zielpunktfahrt

Die Fahrt der numerischen Achsen der zu steuernden Arbeitsmaschine zu einem Zielpunkt erfolgt auf einer Geraden, einem Kreis oder einer Wendel, wie in der ersten DS spezifiziert (vgl. Abschnitt 7.2). In derselben DS werden außerdem Zielpunktkoordinaten, Bahngeschwindigkeit, gewünschtes Anfahr- und Bremsverhalten am Bewegungsbeginn und -ende usw. vorgegeben. Des weiteren werden in einer Zykluszeit $T_D \leq 50$ ms Anzeigewerte in einer Datenstruktur FELD zur Ausgabe bereitgestellt. Ein Vorschuboverride, der in einer weiteren DS bereitzustellen ist, wird ständig berücksichtigt. Eine Unterdrückung, zum Beispiel bei Gewindeschneiden, ist möglich.

Referenzpunktfahrt

Die Fahrt zum Referenzpunkt der zu steuernden Arbeitsmaschine wird in der in einer DS spezifizierten Reihenfolge der Achsen durchgeführt. Die dabei zu realisierende Achsgeschwindigkeit ist dem Maschinendatensatz zu entnehmen.

Die Beauftragung der BF erfolgt gemäß Abschnitt 4. Die Funktion der BF werden bei der Besprechung des Inhalts der zugehörigen DS verdeutlicht.
Während nun die Steuerung des Datenflusses und die Zugriffe auf die DS standardisiert werden können, ist deren Inhalt explizit zu beschreiben.

7.2 Darstellung der Datenschnittstellen

Im Bild 5.19 wurde eine vereinfachte Darstellung der Datenschnittstellen des Funktionsblocks GEO gegeben, wobei einige DS weggelassen wurden. So fehlt eine DS zur Übergabe des Maschinendatensatzes (FELD) und einige WORT-Strukturen, welche die sogenannte VDI-Nahtstelle /53/, zur Kommunikation mit dem Funktionsblock PC, nachbilden.
Hier sollen für die BF1 die Eingabe- und Ausgabedatenschnittstellen gemäß Bild 5.19 detailliert dargestellt werden. Wir unterscheiden auf der Eingabeseite:

FIFO: Zielpunktinformation für NC-Sätze
WORT: Istwertregister x, y, z, 4. Achse (jeweils)
WORT: Vorschuboverride

und auf der Ausgabeseite:

WORT: NC-Satznummer des aktuellen Satzes
FELD: Sollwerte - Istwerte - Schleppabstände
WORT: Sollwertregister x, y, z, 4. Achse (jeweils)

Zielpunktinformationen für NC-Sätze

Die FIFO-Struktur enthält zehn Blöcke mit je 30 byte, die gemäß Bild 7.1 aufgebaut sind.

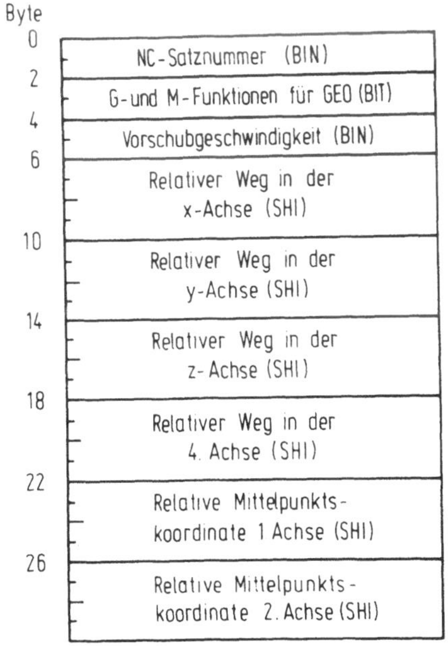

Byte	
0	NC-Satznummer (BIN)
2	G-und M-Funktionen für GEO (BIT)
4	Vorschubgeschwindigkeit (BIN)
6	Relativer Weg in der x-Achse (SHI)
10	Relativer Weg in der y-Achse (SHI)
14	Relativer Weg in der z-Achse (SHI)
18	Relativer Weg in der 4. Achse (SHI)
22	Relative Mittelpunkts-koordinate 1 Achse (SHI)
26	Relative Mittelpunkts-koordinate 2. Achse (SHI)

Anmerkung: Angaben in (...) bezeichnen Datenformate
BIN ... Binär
BIT ... Bitleiste
SHI ... Short Integer

Bild 7.1: Blockaufbau des FIFO für Zielpunktinformation

Die binäre NC-Satznummer wird bei Beginn der Bearbeitung des NC-Satzes in eine Ausgabe-DS geschrieben.
Die für den Funktionsblock bestimmten G- und M-Funktionen gemäß /55/ sind in einer Bitleiste codiert (vgl. Bild 7.2). In der Bitleiste sind drei Gruppen von Bitinformationen zu unterscheiden. Die erste Gruppe betrifft die Art der Bahn, wie Interpolationsart und -ebene /40, 41, 56, 59/, während die zweite Gruppe den zeitlichen Verlauf der Bahngeschwindigkeit bestimmt.

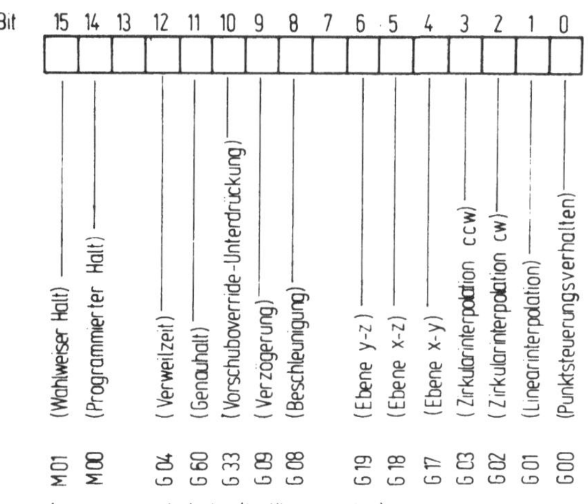

Bild 7.2: Codierung der Bitleiste der G- und M-Funktionen für GEO

Dies sind Informationen zur Erzeugung einer Anfahr- und Bremsrampe und einer Wartezeit zwischen Bewegungen. Die dritte Gruppe betrifft die Funktionen für einen programmierten bzw. wahlweisen Halt im NC-Programm. Ferner enthält der Block für die Zielpunktinformation die programmierte Vorschubgeschwindigkeit als binäre Information in der Einheit mm/min. Diese Vorschubgeschwindigkeit ist als Bahngeschwindigkeit zu verstehen.
Schließlich folgen die eigentlichen Zielpunktinformationen, die Zielpunktkoordinaten im Doppelwortfestkommaformat (Short Integer, vgl. Abschnitt 5.7) und im Falle der Zirkularinterpolation zwei Mittelpunktskoordinaten gemäß der in der oben genannten Bitleiste spezifizierten Interpolationsebene. Als Einheit ist hier die Wegmeßsystemauflösung, zum Beispiel w = 1 µm, zugrundegelegt.

Vorschuboverride

Eine Beeinflussungsmöglichkeit der programmierten Bahngeschwindigkeit ist durch eine DS WORT gegeben, in der ein Wert für den Vorschuboverride im Binärformat übergeben wird. Der Vorschuboverride wird in einem Takt von T_P = 5 ms berücksichtigt und eignet sich damit auch für Anwendung in adaptiven Regelkonzepten /4, 57/. Die Stufung des Vorschuboverride ist p = 0,5 %.

Istwertregister

Die BF_1 erwartet in vier DS WORT jeweils die Istwerte der vier numerischen Achsen als inkrementellen Wert im Einfachwortfestkommaformat (Word Integer). Die Einheit entspricht der Meßsystemauflösung w. Diese Werte werden im Takt der Lageregelung (T_L = 5 ms) gelesen. In der kompletten Ausführung des Funktionsblocks sind die Register auf den Achsenkarten im Adressbereich der passiven Teilnehmer realisiert. Bei der Konfiguration des Gesamtsystems ist darauf zu achten, daß die eingestellte physikalische Adresse mit der Adresse im DSV übereinstimmt.

NC-Satznummer des aktuellen NC-Satzes

Immer dann, wenn bei gestarteter BF_1 aus dem Fluß von decodierten NC-Sätzen ein neuer Satz von Zielpunktinformationen dem FIFO entnommen wird, kopiert die BF_1 die dem aktuellen FIFO-Block entnommene NC-Satznummer (vgl. Bild 7.1) in die entsprechende DS WORT und ist somit zu Verwaltungszwecken oder zur Anzeige verwendbar.

Sollwerte - Istwerte - Schleppabstände

Lage-Sollwerte, Lage-Istwerte und Schleppabstände der einzelnen Achsen werden in einer DS FELD mit einer Länge von 40 byte dargestellt. Die Sollwerte und Istwerte stehen im Doppelwortfestkommaformat (Short Integer) zur Verfügung (vgl. Bild 7.3).

Byte	
0	Lage-Sollwert x-Achse (SHI)
4	Lage-Sollwert y-Achse (SHI)
8	Lage-Sollwert z-Achse (SHI)
12	Lage-Sollwert 4. Achse (SHI)
16	Lage-Istwert x-Achse (SHI)
20	Lage-Istwert y-Achse (SHI)
24	Lage-Istwert z-Achse (SHI)
28	Lage-Istwert 4. Achse (SHI)
32	Schleppabstand x-Achse (WOI)
34	Schleppabstand y-Achse (WOI)
36	Schleppabstand z-Achse (WOI)
38	Schleppabstand 4. Achse (WOI)

Anmerkung: Angaben in (...) bezeichnen Datenformate
SHI... Short Integer
WOI... Word Integer

Bild 7.3: Datenteil des FELD: Sollwerte - Istwerte - Schleppabstände

Die Schleppabstände der vier Achsen sind dem FELD im Einfachwortfestkommaformat (Word Integer) zu entnehmen. Alle Angaben erfolgen in der Einheit des Meßsystems w. Die Daten werden in einem konstanten Zeitraster $T_D \leqq 50$ ms aktualisiert.

Sollwertregister

Die BF_1 liefert in vier DS WORT jeweils einen Geschwindigkeits-Sollwert für die einzelnen Achsen im Einfachwortfestkommaformat (Word Integer). Diese Werte werden im Takt der Lageregelung ausgegeben. In der kompletten Ausführung des Funktionsblocks sind die Register auf den Achsenkarten im Adressbereich der passiven Teilnehmer realisiert. Die Einheit hängt von der als Initialisierungsparameter übergebenen Geschwindigkeitsverstärkung (KV) ab /58/.
Obwohl die externen Datenschnittstellen nur auszugsweise hier dargestellt wurden, wird die Vereinfachung der Dokumentation durch Bezugnahme auf den vorgeschlagenen Standard offensichtlich. In einem Datenblatt für einen industriell produzierten und angebotenen Funktionsblock lassen sich die Schnittstellenangaben noch weiter formalisieren und damit straffen.

7.3 Dimensionierungshinweise

Bei der praktischen Realisierung von DS ist es von Interesse, Anhaltspunkte über die Dimensionierung des Datenteils der DS zu erhalten. Bei Bereitstellungsdaten ergibt sich die Bemessung der Feldlänge im allgemeinen aus der Anzahl und dem Datenformat der bereitzustellenden Daten.
Auch bei Verbrauchsdaten wird die Bemessung zum Beispiel der Blocklänge jeweils nur von der Anzahl und dem Format der Daten abhängen. Darüber hinaus haben die DS für Verbrauchsdaten auch noch eine Pufferwirkung.
Diese Pufferwirkung ist erwünscht, um Unregelmäßigkeiten der Erzeugung und des Verbrauchs von Daten auszugleichen, um zum Beispiel das Stehenbleiben der Achsen zu vermeiden, was Freischneidemarken verursachen würde. Braucht eine Datenquelle zum Erzeugen eines Datensatzes die Zeit T_E und eine Datensenke zum Verbrauchen des Datensatzes T_V, so kann mit DS BLOCK eine Pufferung der Daten ohne Warten des Verbrauchers sichergestellt werden, wenn die Ungleichung $T_E < T_V$ gilt.

Falls die Pufferwirkung gewährleistet werden muß und die Bedingung $T_E < T_V$ zeitweilig verletzt wird, so reicht die Verwendung des DS BLOCK nicht mehr aus. Die DS FIFO ist hierfür geeignet. Es ist zu klären, wieviel Blöcke die FIFO-Struktur enthalten, wie groß also die FIFO-Länge dimensioniert werden muß. Zur Erörterung dieser Frage sei ein Bilanzfaktor B definiert:

$$B = \frac{T_V}{T_E} \quad \text{mit} \quad \begin{array}{ll} B \geq 1 & \text{positive Bilanz} \\ B \leq 1 & \text{negative Bilanz} \end{array}$$

Auf lange Sicht gesehen muß durchschnittlich B = 1 sein, da im Prinzip immer mindestens so schnell erzeugt werden muß, wie verbraucht wird, um ein Warten des Verbrauchers auszuschließen. Kurzfristig jedoch kann bei geeigneter Pufferung auch eine negative Bilanz bestehen, ohne daß der Verbraucher wartet.
Es sei der schlechteste Fall (worst case) betrachtet mit

$$B_{min} = \frac{T_{Vmin}}{T_{Emax}}$$

Falls eine negative Bilanz während der Erzeugung von n Blöcken auftritt, so kann ein FIFO mit der FIFO-Länge

$$L = n \cdot B_{min}^{-1}$$

diesen schlechtesten Fall überbrücken, ohne daß unerwünschtes Warten auf den Erzeuger erfolgt. In der Praxis eines Mehrprozessor-Steuersystems tritt dieser Fall beispielsweise dann auf, wenn eine Folge kurzer NC-Sätze von einem Erzeuger in einer Zeit T_E je NC-Satz decodiert und dem Funktionsblock GEO zur Weiterverarbeitung bereitgestellt werden.
Falls nun zum Beispiel das Decodieren und die Verrechnung der Werkzeugkorrekturen T_E = 30 ms benötigt, GEO aber in der Lage ist, eine Folge von NC-Sätzen im Raster T_V = 20 ms zu verbrauchen und eine solche Folge mit n = 20 Blöcken mit jeweils einem NC-Satz auftritt, so ergibt sich für die FIFO-Länge L:

$$L = n \cdot \frac{T_{Emax}}{T_{Vmin}} = 20 \text{ Blöcke} \cdot \frac{30\text{ms}}{20\text{ms}} = 30 \text{ Blöcke}$$

Die Pufferwirkung ohne Warten des Verbrauchers ist also, bei Voraussetzung eines vollen FIFO, bei Eintritt des geschilderten worst case, mit einer FIFO-Länge von L = 30 Blöcken zu gewährleisten. Dieses Beispiel zeigt, daß eine exakte Dimensionierung nur bei Kenntnis des definierten Fertigungsproblems möglich ist. Bei der Herstellung eines Funktionsblocks GEO möchte man jedoch noch allgemein ein möglichst breites Anwendungsgebiet überdecken. Daher wird die hier vorliegende DS FIFO so groß dimensioniert, daß der vorhandene Übergabespeicherbereich des aktiven Teilnehmers vollständig genützt wird. Es ist ein vorteilhaftes Merkmal der FIFO-Struktur, daß der Verwaltungsaufwand bei wachsender FIFO-Länge konstant bleibt.

Reicht in Spezialfällen der Übergabespeicherbereich eines aktiven Teilnehmers nicht aus, so kann durch geeignete Konfiguration des Datenflusses (vgl. Abschnitt 5.6) die DS in einem ausreichend großen Speicherbereich angelegt werden. Eine Möglichkeit bietet der I/O-Bereich mit dem NC-Programmspeicher, der das Anlegen sehr langer FIFO ermöglicht.

Das Beispiel zeigt, wie anpassungsfähig Funktionsblöcke sind, die nach dem vorgeschlagenen Schnittstellenstandard erstellt wurden, ohne an der Funktionsblocksoftware etwas zu ändern.

7.4 Beurteilung der Einsatzmöglichkeiten des Funktionsblocks

Obgleich hier nur einige DS detailliert besprochen wurden, läßt sich der vorgestellte Funktionsblock anhand seiner Steuerschnittstelle zur BF-Beauftragung und seiner Datenschnittstelle beurteilen.

Die Steuerschnittstelle ist wegen ihrer Einheitlichkeit durch Bezugnahme auf den empfohlenen Standard (Abschnitt 4) lediglich durch die Wirkung der BF zu beschreiben. Die Datenschnittstelle ist ausreichend transparent, um dem Entwickler eine vorgefertigte Lösung an die Hand zu geben, mit der er in der Lage ist, in Kombination mit anderen Funktionsblöcken eine

numerische Steuerung gemäß den verschiedenen Anwendungsstufen (vgl. Bild 2.5) zu konfigurieren.
In diesem Sinne ist es auch möglich, mit einem Funktionsblock GEO als numerischen Kern einer Sondersteuerung mit einem weiteren aktiven Teilnehmer, der als ZST arbeitet, einfache Mehrprozessor-Steuerssysteme zu entwickeln, bis hin zu komplexen Anwendungen, bei denen mehrere GEO zur Lösung von vielachsigen Steuerungsproblemen mit weiteren Funktionsblöcken kombiniert werden (vgl. Bild 7.4).

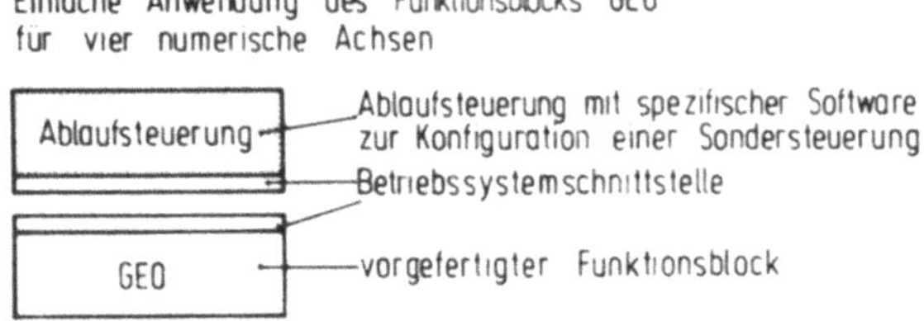

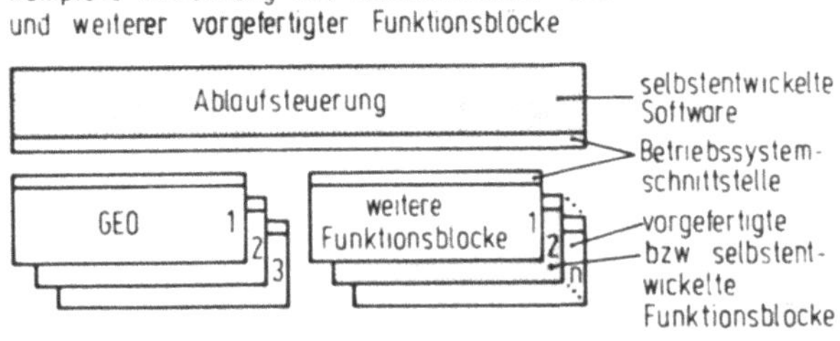

Bild 7.4: Einfache und komplexe Anwendung eines Funktionsblocks zur Geometriedatenverarbeitung (GEO)

Durch geeignete Dimensionierung der Pufferbereiche läßt sich der Funktionsblock für vielfältige Anwendungen nutzen. Mit dem Konzept der virtuellen Datenschnittstelle können für spezielle Anwendungen auch große FIFO im Adressbereich der passiven Teilnehmer angelegt werden, ohne am Funktionsblock etwas zu ändern. Die Zugriffsfunktion zum Öffnen eines Feldes zum Schreiben benötigt bei Verwendung des Mikroprozessors

Intel 8086 lediglich ca. 25 µs und beim Zugriff auf FIFO nur ca. 15 µs. Auch bei Verwendung zugeschnittener Softwareschnittstellen sind diese Zeiten nur geringfügig zu unterschreiten. Gegenüber der Realisierung der Geometriedatenverarbeitung mit einem beliebigen Mehrrechnersystem sind durch die Anwendung des vorgeschlagenen Schnittstellenkonzepts neben vereinfachter Dokumentation die flexible Verwendung des Funktionsblocks für unterschiedliche NC-Steuerungsaufgaben zu nennen. Dies ist möglich, ohne an der Software des Funktionsblocks etwas zu ändern. Auch seine Erstellung wurde durch die Anwendung von Bildungs- und Zugriffsfunktionen für DS vereinfacht.

Zusammenfassung

Die vorliegende Arbeit befaßt sich mit den Schnittstellen in Mehrprozessor-Steuersystemen. Während zur Hardwarekopplung von mehreren Rechnern sich eine größere Anzahl von Bussen als Standard anbieten, ist im Bereich der Softwareschnittstellen von Echtzeitsystemen ein völliges Fehlen von Standards zu verzeichnen. Diese Lücke soll für den Bereich der numerischen Steuerungen durch den Vorschlag von herstellerunabhängigen Softwareschnittstellen geschlossen werden, die auf die Ziele des modularen Mehrprozessor-Steuersystems (MPST) zugeschnitten sind.

Diese Ziele der höheren Flexibilität und Systemnutzungsdauer werden einleitend an Beispielen erläutert. Ein Abschnitt über die Grundlagen des modularen Mehrprozessor-Steuersystems schafft die Basis zur Einbettung einer Steuer- und einer Datenschnittstelle in die Software des Systems.
Neben der Erörterung von Schnittstellen zur Steuerung der Funktionsblöcke bildet die Herleitung von Datenschnittstellen einen Schwerpunkt der Ausführungen, wobei insbesondere die Strukturierung von Daten in numerischen Steuerungen Berücksichtigung finden.
Dabei wird stets unterschieden zwischen einer funktionalen Programmschnittstelle, die auf der Betriebssystemebene angesiedelt ist und der statischen Darstellung der Schnittstelleninformation sowie dem dynamischen Zugriff auf diese Schnittstellen. Die Einführung einer funktionalen Programmschnittstelle erhöht die Benutzerfreundlichkeit und ermöglicht die Entwicklung portabler Steuerungssoftware.

Eine allgemein anwendbare Schnittstellensystematik für Mehrrechnersysteme muß neben einem verklemmungsfreien Datenaustausch zwischen Rechnern auch Mittel zur Synchronisation der Rechner untereinander bieten, was ausführlich abgehandelt wird.

Hierbei werden die Kommunikationsprobleme des Mehrprozessor-Steuersystems in die Schnittstellenbetrachtung mit einbezogen und gelöst, so daß der Anwender von dieser Problematik entlastet wird.

Wie der Datenfluß in einem solchen Mehrrechnersystem mit Hilfe des Konzepts der virtuellen Datenschnittstellen jeweils an ein zu lösendes Steuerungsproblem angepaßt werden kann, ohne an der Software eines Rechners etwas zu ändern, wird in einem weiteren Schwerpunkt hergeleitet.

Schließlich ist die Schnittstellensystematik nicht nur auf die Schnittstellen zwischen Rechnern, sondern ebenso auf den internen Aufbau der beteiligten Rechnerprogramme erweiterbar.
Ein realisierter Funktionsblock zur Geometriedatenverarbeitung mit Interpolation und Lageregelung für das Mehrprozessor-Steuersystem wird durch Anwendung des vorgeschlagenen Standards mit seinen Softwareschnittstellen unter Hinweis auf seine breite Einsatzmöglichkeit dargestellt und beurteilt.

Schrifttum

/1/ Stute, G. — Die Entwicklung der Steuerungstechnik unter dem Einfluß der Bauelemente. wt.-Z. ind. Fertig. 66 (1976) Nr. 12, S. 683 ... 690.

/2/ Stute, G. — Der Einfluß neuer Steuerungsentwicklungen auf die Fertigungstechnik. wt.-Z. ind. Fertig. 70 (1979) Nr. 4, S. 261 ... 271.

/3/ Stute, G., Plasch, D. — Einfluß der Halbleitertechnik auf Steuersysteme im Werkzeugmaschinenbau. In Real-Time-Data Handling and Process Control. North Holland Publishing Company, 1980, S. 311 ... 319.

/4/ Weck, M., Baukloh, F., Werth, K. — Integration von komplexen Funktionserweiterungen für Werkzeugmaschinensteuerungen. In KfK-PDV 145, Karlsruhe: Kernforschungszentrum, 1978, S. 117 ... 139.

/5/ Autorenkollektiv — Werkzeugmaschinenkonzepte - Stand und Tendenzen. Ind.-Anz. (103) Nr. 62, S. 136 ... 149.

/6/ Stute, G. — Grundgedanken von MPST. In KfK-PDV 145, Karlsruhe: Kernforschungszentrum, 1978, S. 16 ... 30.

/7/ Binder, D. — Modulares Mehrprozessor-Steuersystem für Arbeitsmaschinen. wt.-Z. ind. Fertig. 70 (1980) Nr. 8, S. 525 ... 529.

/8/ Weck, M. Das Mehrprozessor-Steuersystem MPST im Rahmen der Entwicklung der numerischen Steuerungstechnik. ingenieur digest 20 (1981) Nr. 10, S. 67 ... 69.

/9/ Schäfer, K. Funktionserweiterungen für numerische Werkzeugmaschinensteuerungen durch Mikroprozessoreneinsatz. Dissertation, Aachen, 1977.

/10/ Kohler, P. Rechnergeführte Meßwerterfassung und Auswertung in der Arbeitsmaschine. Essen: Girardet-Verlag, HGF-Kurzberichte (Loseblattsammlung), Blatt 80/13.

/11/ Wörn, H. Numerische Steuerungssysteme - Aufbau und Schnittstellen eines Mehrprozessor-Steuersystems. ISW 27. Berlin, Heidelberg, New York: Springer Verlag, 1979.

/12/ Mehrprozessor-Steuersystem für Arbeitsmaschinen (MPST). Parallelbus DIN 66264 (Teil 1), Entwurf. Berlin: Beuth Verlag, 1981.

/13/ Raphael, A. H. Mehrfachverarbeitung mit Multiprozessor-Systemen Elektronik (1978) Nr. 11, S. 84 ... 87.

/14/ Andersen, P. Multiprocessing Extensions for the RMX/80 Real-Time-Executive. Application Note AP-88, Intel Corporation, 1980.

/15/ Gogrewe, H.-U. Entwicklung eines numerisch gesteuerten Abrichtsystems.
Dissertation, Aachen, 1980.

/16/ Frank, H.
Plasch, D. Entwicklung einer numerischen Steuerung für eine Nutenschleifmaschine.
wt-Z. ind. Fertig. 71 (1981) Nr. 8, S. 465 ... 467.

/17/ Plasch, D. Numerische Steuerung von Sondermaschinen mit Komponenten des modularen Mehrprozessor-Steuersystems (MPST).
In KfK-PDV 187, Karlsruhe: Kernforschungszentrum, 1980, S. 226 ... 245.

/18/ Stute, G.
Klemm, P. The Application of a Modular Multiprocessor NC-System.
In Proceedings of Twenty-second International Machine Tool Design and Research Conference. Manchester: UMIST, 1981, S. 215 ... 222.

/19/ Stute, G.
Klemm, P.
Möller, H.
Plasch, D.
Spieth, U. Verteilte Steuerungseinrichtungen für Fertigungssysteme (MPST-Mehrprozessor-Steuersysteme).
KfK-PDV 192, Karlsruhe: Kernforschungszentrum, 1980.

/20/ Plasch, D. Geometriedatenverarbeitung in einem Mehrprozessor-Steuersystem (MPST).
Essen: Girardet-Verlag, HGF-Kurzberichte (Loseblattsammlung), Blatt 78/84.

/21/ Stute, G.
Fink, H.
Renn, W. Programmierbare Steuerung in einem Mehrprozessor-Steuersystem.
VDI-Bericht 327. Düsseldorf: VDI-Verlag, 1978.

/22/ Schulz, A. Methoden des Software-Entwurfs und strukturierte Programmierung.
Berlin, New York: de Gruyter, 1978.

/23/ Giloi, W. K. Rechnerarchitektur.
Berlin, Heidelberg, New York: Springer Verlag, 1981.

/24/ Spieth, U. Numerische Steuersysteme.
Hardwareaufbau und Ablaufsteuerung eines Mehrprozessorsteuersystems.
ISW 40. Berlin, Heidelberg, New York: Springer Verlag, 1982.

/25/ Plasch, D.; Baukloh, F. NC-Technik auch bei Sondermaschinen - Modulares Mehrprozessor-Steuersystem sichert hohe Flexibilität.
Ind.-Anz. 103 (1981) Nr. 77, S. 14 ... 16.

/26/ Microcomputer Operating Systems.
Central Computer Agency, Civil Service Department, London: Her Majesty's Stationery Office, 1979.

/27/ Pyle, I. C. Review of Standards in Software for Real-Time Systems.
In Real-Time Data Handling and Process Control. North Holland Publishing Company, 1980, S. 209 ... 216.

/28/ Bowen, B. A.; Buhr, R. J. A. The Logical Design of Multiple-Microprocessor Systems.
Eaglewood Cliffs: Prentice-Hall, 1981.

/29/ Lauber, R. Prozessautomatisierung I. Aufbau und Programmierung von Prozessrechensystemen.
Berlin, Heidelberg, New York: Springer Verlag, 1976.

/30/ Kuhn, K. Mehrrechner- und echte Multiprozessor-Systeme mit fertigen µP-Platinen.
Elektronik (1979) Nr. 8, S. 77 ... 80.

/31/ Brinch Hansen, P. Betriebssysteme.
München, Wien: Hanser, 1977.

/32/ Pieper, F. Einführung in die Programmierung paralleler Prozesse.
München, Wien: Oldenbourg, 1977.

/33/ Samelson, K. Entwicklungslinien der Informatik.
In Gesellschaft für Informatik: GI-Jahrestagung. Berlin, Heidelberg, New York: Springer Verlag, 1978.

/34/ Barnes, J. G. P. The Development of Tasking Primitives in High Level Languages.
In Real-Time Data Handling and Process Control. North Holland Publishing Company, 1980, S. 235 ... 241.

/35/ Dijkstra, E. W. Cooperating Sequential Processes.
In Programming Languages. New York: Academic Press, 1968, p. 43 ... 112.

/36/ RMX/86 Configuration Guide for ISIS-II Users.
Manual Order Number 9803126-01.
Santa Clara, CA: Intel, 1980.

/37/ TMS 9900 Family Software Development Handbook.
Houston, Texas: Texas Instruments.

/38/ Backus, J. W. The Syntax and Semantics of the Proposed International Algebraic Language of the Zurich ACM-GAMM Conference.
In Proceedings of the International Conference of Information Processing.
Paris 15 ... 20 June 1959, München, 196o, S. 125 ... 132.

/39/ VAX-11 MACRO Language Reference Manual.
Maynard, Mass.: Digital Equipment Corp., 1980.

/40/ Herold, H. H.; Maßberg, W.; Stute, G. Die numerische Steuerung in der Fertigungstechnik.
Düsseldorf: VDI-Verlag, 1971.

/41/ Weck, M. Werkzeugmaschinen.
Band 3, Automatisierung und Steuerungstechnik. Düsseldorf: VDI-Verlag, 1978.

/42/ Code für 8-Spur-Lochstreifen.
DIN 66 024.
Berlin: Beuth Verlag, 1969.

/43/ Wirth, N. Algorithmen und Datenstrukturen.
Stuttgart: Teubner, 1975.

/44/ De Francesco, N.; Petacchi, C.; Veglini, G.; Vanneschi, M. On Deadlock in Networks of Asynchronous Microprocessors.
In Workshop on the Microarchitecture of Computer Systems.
Amsterdam, Netherlands: North Holland, 1975, S. 79 ... 84.

/45/ Informationsverarbeitung. Begriffe. DIN 44 300. Berlin: Beuth Verlag, 1972.

/46/ Haarman, J. C.; Koller, H. U.; Muheim, J. A. — Software Approach for Multi-Processor Systems. In Real Time Programming 1977, Proceedings of The IFAC/IFIP Workshop, Eindhoven, Netherlands, 20 ... 22 June, 1977. Frankfurt: Pergamon Press, 1978, S. 107 ... 111.

/47/ Wettstein, H. — Systemprogrammierung. München, Wien: Hanser, 1980.

/48/ Nassi, I.; Shneidermann, P. — Flowchart Techniques for Structured Programming. SIGPLAN Notices (1973), Nr. 8.

/49/ Spieth, U. — Betriebssystem eines modularen Mehrprozessor-Steuersystems. Essen: Girardet Verlag, HGF-Kurzberichte (Loseblattsammlung), Blatt 79/69.

/50/ Weck, M.; Baukloh, F.; Werth, K. — Konzept des modularen Mehrprozessor-Steuersystems. Ind.-Anz. 102 (1980) Nr. 37, S. 31 ... 35.

/51/ Einführung in das Entwurfs-unterstützende Prozess-orientierte Spezifikationssystem EPOS 80. Stuttgart: Institut für Regelungstechnik und Prozeßautomatisierung der Universität Stuttgart, 1980.

/52/ Stof, P. Untersuchung von Möglichkeiten zur Reduzierung dynamischer Bahnabweichungen bei numerisch gesteuerten Werkzeugmaschinen.
ISW 20. Berlin, Heidelberg, New York: Springer Verlag, 1978.

/53/ Numerisch gesteuerte Arbeitsmaschinen. Nahtstellen zwischen der numerischen Steuerung (NC) und der Anpaßsteuerung.
VDI 3422. Düsseldorf: VDI-Verlag, 1972.

/54/ Stevenson, D. A Proposed Standard for Binary Floating-Point Arithmetic.
Draft 8.0 of IEEE Task P 754.
Computer 14 (1981) Nr. 3, S. 51 ... 62.

/55/ Programmaufbau für numerisch gesteuerte Arbeitsmaschinen.
DIN 66 025. Berlin: Beuth Verlag, 1972.

/56/ Binder, D. Interpolation in numerischen Bahnsteuerungen.
ISW 24. Berlin, Heidelberg, New York: Springer Verlag, 1979.

/57/ Klingler, O. Steuerung spanender Werkzeugmaschinen mit Hilfe von Grenzregeleinrichtungen (ACC).
ISW 25. Berlin, Heidelberg, New York: Springer Verlag, 1979.

/58/ Stute, G. Hrsg. Regelung an Werkzeugmaschinen.
München, Wien: Hanser, 1981.

/59/ Plasch, D. — Pflichtenheft der Steuerdatenverarbeitung.
In Informationszyklus NC-Technik, Tagung 2, ETH Zürich 14. und 15. 10. 1981, Band 1. Zürich: Institut für Werkzeugmaschinenbau und Fertigungstechnik an der ETH Zürich, 1981.

/60/ Jensen, K.
Wirth, N. — PASCAL: User Manual and Report.
Berlin, Heidelberg, New York: Springer Verlag, 1975.

/61/ The 8086 Family Users Manual. Numerics Supplement.
Santa Clara, CA: Intel, 1980.

/62/ Datenübertragung: Anforderungen an die Schnittstelle bei Übergabe bipolarer Datensignale.
DIN 66 020. Berlin: Beuth Verlag, 1974.

/63/ Autorenkollektiv — Modulares Mehrprozessor-Steuersystem. Systembeschreibung.
Hrsg. MPST-Arbeitskreis, 1979.

Berichte aus dem Institut für Steuerungstechnik der Werkzeugmaschinen und Fertigungseinrichtungen der Universität Stuttgart

Herausgegeben von Prof. Dr.-Ing. G. Stute

Erschienen:

ISW 1: D. Schmid, Numerische Bahnsteuerung, 89 S., 1972

ISW 2: H. Schwegler, Fräsbearbeitung gekrümmter Flächen, 111 S., 1972

ISW 3: J. Eisinger, Numerisch gesteuerte Mehrachsenfräsmaschinen, 90 S., 1972

ISW 4: R. Nann, Rechnersteuerung von Fertigungseinrichtungen, 125 S., 1972

ISW 5: G. Augsten, Zweiachsige Nachformeinrichtungen, 140 S., 1972

ISW 6: B. Karl, Die Automatisierung der Fertigungsvorbereitung durch NC-Programmierung, 121 S., 1972

ISW 7: H. Eitel, NC-Programmiersystem, 117 S., 1973

ISW 8: E. Knorr, Numerische Bahnsteuerung zur Erzeugung von Raumkurven auf rotationssymmetrischen Körpern, 131 S., 1973

ISW 9: S. Bumiller, Viskohydraulischer Vorschubantrieb, 123 S., 1974

ISW 10: K. Maier, Grenzregelung an Werkzeugmaschinen, 139 S., 1974

ISW 11: J. Waelkens, NC-Programmierung, 159 S., 1974

ISW 12: E. Bauer, Rechnerdirektsteuerung von Fertigungseinrichtungen, 138 S., 1975

IWS 13: H. König, Entwurf und Strukturtheorie von Steuerungen für Fertigungseinrichtungen, 206 S., 1976

ISW 14: H. Damson, Fünfachsiges NC-Fräsen, 143 S., 1976

ISW 15: H. Jetter, Programmierbare Steuerungen, 141 S., 1976

ISW 16: H. Henning, Fünfachsiges NC-Fräsen gekrümmter Flächen, 179 S., 1976

ISW 17: K. Boelke, Analyse und Beurteilung von Lagesteuerungen für numerisch gesteuerte Werkzeugmaschinen, 106 S., 1977

ISW 18: F.-R. Götz, Regelsystem mit Modellrückkopplung für variable Streckenverstärkung, 116 S., 1977

ISW 19: H. Tränkle, Auswirkungen der Fehler in den Positionen der Maschinenachsen beim fünfachsigen Fräsen, 103 S., 1977

ISW 20: P. Stof, Untersuchungen über die Reduzierung dynamischer Bahnabweichungen bei numerisch gesteuerten Werkzeugmaschinen, 118 S., 1978

ISW 21: R. Wilhelm, Planung und Auslegung des Materialflusses flexibler Fertigungssysteme, 158 S., 1978

ISW 22: N. Kappen, Entwicklung und Einsatz einer direkten digitalen Grenzregelung für eine Fräsmaschine mit CNC, 123 S., 1979

ISW 23: H. G. Klug, Integration automatisierter technischer Betriebsbereiche, 124 S., 19

ISW 24: D. Binder, Interpolation in numerischen Bahnsteuerungen, 132 S., 1979

ISW 25: O. Klingler, Steuerung spanender Werkzeugmaschinen mit Hilfe von Grenzregeleinrichtungen (ACC), 124 S., 1979

ISW 26: L. Schenke, Auslegung einer technologisch-geometrischen Grenzregelung für die Fräsbearbeitung, 113 S., 1979

ISW 27: H. Wörn, Numerische Steuersysteme-Aufbau und Schnittstellen eines Mehrprozessorsteuersystems, 141 S., 1979

ISW 28: P. B. Osofisan, Verbesserung des Datenflusses beim fünfachsigen NC-Fräsen, 104 S., 1979

ISW 29: J. Berner, Verknüpfung fertigungstechnischer NC-Programmiersysteme, 101 S., 1979

ISW 30: K.-H. Böbel, Rechnerunterstütze Auslegung von Vorschubantrieben, 113 S., 1979

ISW 31: W. Dreher, NC-gerechte Beschreibung von Werkstücken in fertigungstechnisch orientierten Programmsystemen, 105 S., 1980

ISW 32: R. Schurr, Rechnerunterstützte Projektierung hydrostatischer Anlagen, 115 S., 1981

ISW 33: W. Sielaff, Fünfachsiges NC-Umfangsfräsen verwundener Regelflächen. Beitrag zur Technologie und Teileprogrammierung, 97 S., 1981

ISW 34: J. Hesselbach, Digitale Lageregelung an numerisch gesteuerten Fertigungseinrichtungen, 111 S., 1981

ISW 35: P. Fischer, Rechnerunterstützte Erstellung von Schaltplänen am Beispiel der automatischen Hydraulikplanzeichnung, 111 S., 1981

ISW 36: U. Ackermann, Rechnerunterstützte Auswahl elektrischer Antriebe für spanende Werkzeugmaschinen, 118 S., 1981

ISW 37: W. Döttling, Flexible Fertigungssysteme – Steuerung und Überwachung des Fertigungsablaufs, 105 S., 1981

ISW 38: J. Firnau, Flexible Fertigungssysteme – Entwicklung und Erprobung eines zentralen Steuersystems, 112 S., 1982

ISW 39: A. Herrscher, Flexible Fertigungssysteme – Entwurf und Realisierung prozeßnaher Steuerungsfunktionen, 103 S., 1982

ISW 40: U. Spieth, Numerische Steuersysteme – Hardwareaufbau und Ablaufsteuerung eines Mehrprozessorsteuersystems, 115 S., 1982.

ISW 41: A. Schimmele, Rechnerunterstützter Entwurf von Funktionssteuerungen für Fertigungseinrichtungen, 106 S., 1982

ISW 42: M. Sanzenbacher, NC-gerechte Beschreibung von Werkstücken mit gekrümmten Flächen, 105 S., 1982.

ISW 43: W. Walter, Interaktive NC-Programmierung von Werkstücken mit gekrümmten Flächen, 112 S., 1982.

ISW 44: J. Huan, Bahnregelung zur Bahnerzeugung an numerisch gesteuerten Werkzeugmaschinen, 95 S., 1982.

ISW 45: H. Erne, Taktile Sensorführung für Handhabungseinrichtungen – Systematik und Auslegung der Steuerungen, 111 S., 1982.

ISW 46: D. Plasch, Numerische Steuersysteme – Standardisierte Softwareschnittstellen in Mehrprozessor-Steuersystemen, 112 S., 1983

ISW 47: Z. L. Wang, NC-Programmierung – Maschinennaher Einsatz von fertigungstechnisch orientierten Programmiersystemen, 103 S., 1983

Springer-Verlag
Berlin · Heidelberg · New York